2021 年广东省高等职业教育教学改革研究
混合式教学中基于思辨能力培养的 POA 实践研
东莞职业技术学院 2024 年校级质量工程课程思政示范课程
英语"（KCSZ202405）
东莞职业技术学院 2024 年横向项目"中国特色文化产品英文信息
编写跨文化思辨指导与优化服务"（2024H17）

思维的本质

我们如何思考

[美]约翰·杜威——著　陈培珊——译

群言出版社

QUNYAN PRESS

·北京·

图书在版编目（CIP）数据

思维的本质 ： 我们如何思考 /（美）约翰·杜威著；
陈培珊译 . -- 北京 ： 群言出版社，2025. 4. -- ISBN
978-7-5193-1073-8

Ⅰ . B804

中国国家版本馆 CIP 数据核字第 2025MF5918 号

责任编辑：胡　明
装帧设计：优盛文化

出版发行：群言出版社
地　　址：北京市东城区东厂胡同北巷1号（100006）
网　　址：www.qypublish.com（官网书城）
电子信箱：qunyancbs@126.com
联系电话：010-65267783　65263836
法律顾问：北京法政安邦律师事务所
经　　销：全国新华书店

印　　刷：定州启航印刷有限公司
版　　次：2025年4月第1版
印　　次：2025年4月第1次印刷
开　　本：880mm×1230mm　1/32
印　　张：6.5
字　　数：150千字
书　　号：ISBN 978-7-5193-1073-8
定　　价：68.00元

译者序

当教育还停留在想方设法检验学生对知识的掌握情况及知识构成体系时，本书的作者约翰·杜威就已提出了这样一个问题——我们是如何思考的，怎样的思维才最接近科学的思维本质。而这正是教育该真正关心并解决的问题。

约翰·杜威（1859—1952），是美国著名的哲学家、心理学家和教育家，曾任教密歇根大学、芝加哥大学、哥伦比亚大学等。为了检验他的教育理论，他于1896年专门创办了"芝加哥大学实验学校"作为教育基地。他的教育思想几乎影响了20世纪上半叶的中国教育界和思想界，如胡适、陶行知、郭秉文、张伯苓、蒋梦麟等均在美国留学时受教于杜威。《思维的本质：我们如何思考》正是他的代表作之一，书中运用日常案例详细探讨了思维的整个过程，揭示了思维的本质。

本书共分为三部分，第一部分为"有关思维训练的诸多问题"，介绍了思维以及思维训练的重要意义；第二部分"逻辑考量"从逻辑的角度论述了判断、推理、具象与抽象思维、经验与科学思维等方法；第三部分"思维的训练"讨论了如何从活动、语言、观察、课堂教学等方面发挥儿童的好奇心、想象力，从而培养他们科学的思维。

通过本书，杜威论证了他的理念，即思维并不是简单的知识储备，也不是听来的事实或偏见，而是经过批判、推理和检验后形成的信念。他强调了反思性思维的重要性，认为只有正确的思考方式才能避免犯错。本书可以帮助人们对思维有一个全新的认知，勇敢突破已知经验的禁锢，跳出思维的舒适区，大胆将科学的思维方法运用到实践活动中，即接受实践的检验。只有通过实践检验的方法论才能称为真理，只有经得起推敲的理论才能称为思维。

作为本书的译者，我深感荣幸能够将杜威的思想传达给更广泛的读者。在翻译过程中，译者秉持原著的精神和内涵，力求准确地传达杜威的观点和意图。希望读者通过阅读本书，能够深入思考自身的思维方式，探索认知的边界，开阔视野，从而走上更加丰富、充实的人生旅程。

自　序

　　随着现代科学的进步，教育面临着越来越多的挑战。学科越来越繁杂，体系越来越庞大，教学需要借助不同种类的材料。教师发现自己的教学任务日益繁重，因为现在的教育更加注重个性化教学，而非以往的集体式教学。为了避免教师因这些挑战而分散太多精力，学校需要找到一种能简化教学的统一原则。本书坚信，确立一种科学的思维方式和思考习惯，并将其作为教师和学校共同努力的方向，正是现代教师能够集中精力教学的关键。

　　也许有人认为，科学的思维方式与儿童教育并无直接关联。然而，事实恰恰相反。儿童独有的天真、好奇心、丰富的想象力，以及对实验探索的热爱，都与科学思维密切相关。本书的目的就是尽可能地帮助人们去理解这种内在联系，并深入思考如何运用这种联系提升个体的幸福感、减少社会资源的浪费。

　　在此，要特别感谢我的妻子，是她启发了我关于本书的构思，她在芝加哥大学实验学校（该学校存在于 1896—1903 年）工作的经历为我的创作提供了灵感。同时，我要感谢竭力配合我工作的教师和督导员，特别是埃拉·弗拉格·杨女士，她那时是我的同事，现在是芝加哥大学实验学校的校长。她们的真知灼见为本书增光添彩。

纽约市，1909 年 12 月

目　录

▽ **第一部分　有关思维训练的诸多问题**

▽ **第二部分　逻辑考量**

第三部分　思维的训练

第一部分
有关思维训练的诸多问题

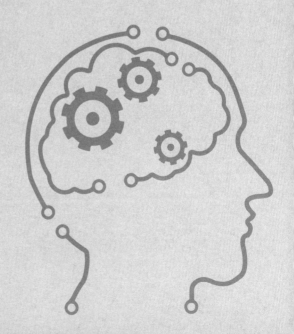

第一章　思维的定义

一、思维的多种含义

　　"思考""想法"可以说是人们经常挂在嘴边的词了，而这也是本书所说的"思维"。然而，正因为它被用得太过频繁，所以当我们想要准确定义这些词汇时，却发现根本不明白它的真正含义。

　　本章旨在找到一个统一且连贯的含义。怎么做到呢？也许先考虑一下这些词的几种典型用法，会有所帮助。其一，"思考"这个词的使用是广泛的，甚至可以说是不严谨的。人们习惯把一切出现在脑海中的东西、任何"在我们脑子里闪现过"的东西都叫思考。也就是说，凡是想过的东西，都叫思维。其二，含义变窄了，排除了直接呈现的东西。也就是说，我们把那些没有

由宽到窄的四种含义

直接看到、听到、感知到的事物的想法定义为思维。其三，含义进一步变窄，限定为基于某种证据或证词的信念。第三种含义又可以区分为两种或者说两个程度：一种是人们可以毫无来由地得出自己的信念，不需要任何根据或证据；另一种是人们必须找到该信念的根据或证据，而且还要充分检验其合理性。这个过程也被称为逆向思维或反思性思考。这才是真正有教育价值的，也是本书所讨论的主要内容。

现在，我们简要描述一下以上几种。

或偶然或随便的想法

1. 从最宽泛的意义来说，思考意味着一切"在我们头脑中出现过"的东西。那些想要通过"一分钱买你的想法"的人并不指望能拿它达成什么大交易。在他提出这一要求时，意味着他并不打算赋予思维以尊严、逻辑性或检验价值。任何空想、琐碎的回忆或瞬间的印象都能满足他的要求。白日梦、空中楼阁这些在人们闲暇时光里的脑海中飘过的任何毫无关联的东西，都被视为思考。虽然人们不肯承认，但在人的一生中，即便是在清醒的时刻，也有大半的时间被消磨在了这种虚无缥缈和不切实际的幻想中。

如果这也算作思维的话，那么有智力障碍的人也会思考。

这里就有现成的故事。在新英格兰有个远近闻名的愚者，他一直幻想竞选地方议员。他对邻居们说："听说你们不相信我有能力做议员。我告诉你们吧，其实我每天都在动脑子想事情呢！"

　　像这种随机的毫无关联地想这想那是不够的。真正的思维应该是由一系列不间断的考量组成的，这些考量并非偶然的"某件事或其他事"，而是一个有规律的序列，有因有果。每个考量都是上一个考量的结果，它们相互衍生又相互支持，既不是零散无序的，也不是转瞬即逝的。思维是一步步形成的，每一步都是思维的一个"项"，每一项都为下一项留下可用的存续。思维的这一系列项是流动的，像一列火车、一串链条或一根线。

　　2. 即使是从广义的角度，思维也通常被限定在与直接感知无关的事情上，即那些并非由人们亲耳所听、亲眼所见、亲手触摸过的事情。这就好比，人们问讲故事的人是否亲眼见证了故事是一样的，他有可能回答："不，这是我想象出来的。"想象是一种创造，不同于真实的记录或观察。其中最重要的是想象性事件和连续情节，它们具有一定的连贯性，沿着一个连续的主题展开，介于纷乱的幻想和环环相扣的考量之间。就像儿童想象的故事也不尽相同，有的情节支离破碎，有的情节紧密相连。当它们相互连接时，其实就是在模拟反思性思维。当然，反思性思维通常出现在逻辑能力强的人脑中。富有想象力的活动经常先于严谨的思考出现，并为后续思考铺平道路。但它们并不旨在获取知识，也不是针对事实或真理的信念，因此，它们与反思性思维有所区别。表达这些想法的人并不期望获得别人的相信，而只期待人们对他精心构思的情节给予赞美。他们只负责创作出优秀的故事，而不是知识。这种思维是情感的延伸，它们的目的是烘托情绪或营造氛围，连接它们的纽带是连贯的情感。

3. 在第三种意义上，思想表示要基于某种真实或假设的根据，这种根据超越了能直接感受到的存在。也就是说，它必须是真实的知识，或者被人们普遍相信的知识。它的特点是，接受或拒绝某事物为合理或不合理的。然而，这一阶段又包括两种明显不同的情况，尽管它们的区别严格来说只是程度上的差别，而非本质上的差别，但这一差别在实际生活中十分重要，即有些信念被接受时并没有考虑是否有根据，而另一些信念则是有根据的，且根据是经得住考验的。

例如，当人们说"过去，人们认为地球是平的""我以为你去过那里"，表示人们接受了、默认了、肯定了某事。但不代表这件事是真实的，可以是一种经证实过的假设。这些假设可以是充分的，也可以不是，但显然它们并没有经受住检验的根据。

不去思考一种信念是否正确就接受它，这种思维是无意识思维，它究竟从哪里来，什么时候就存在我们脑海中了，我们一无所知。总之，它来路不明，模糊不清，我们不自觉地或潜移默化地就接受了它，并成为我们思想的一部分。传统理念，或不自觉地对权威的模仿，或诉诸我们自身的利益，或迎合强烈的情感，这些都促使了它的形成。这种思维容易造成偏见，因为它们不是基于证据或调查形成的判断。

4. 信念是十分重要的，这种重要会引导我们进行反思，并深入探讨信念的本质、条件和影响。假如你看到鲸鱼和骆驼在云中漫步，那么这只是一时的幻想，它随时可以结束，你并不会因此产生特定的信念。这与认为地球是平的大不相同，后者是将一种属性附加于一个真实事物上，所得出的结论表示了事物之间的联系，因此不像想象力那样随心所欲。坚信地球是平的人，会连带相信与其相关的一系列事物，并产生特定的思考方式，如思考天体、航海的可能性等问题。持有这种信念的人往往会根据他自己对这些事物的认知采取相应的行动。因此，信念对行为的影响至关重要，以至人们被迫考虑该信念的根据或理由以及逻辑后果。这意味着反思性思考能使思维进入更深层的领域。

在哥伦布宣布地球是圆的之前，人们普遍认为世界是平的。这种看法深入人心，甚至超越信念，成了一种信仰，以至人们没有勇气去质疑已经被普遍接受的观念，尤其当这些观念被明显常理化时，会变得更加坚不可摧。哥伦布并没有受到当时主流思想的影响，而是敢于质疑，这才使他得以思考，从而得出自己的结论。他怀疑长久以来已确凿无疑的事情，对看似不可能的事情却深信不疑，所以他一直思考，直到能够为自己的怀疑和信念提供证据。即使他的结论最终被证明有误，它也不同于传统信念，因为得出它们的方法完全不同。任何信念或所谓的知识形式，根据支持它的理由以及它趋向的进一步结论，进行积极、持久和仔细的考量，就构成反思性思考。前三种思维都可能引发这种思考，且一旦开始思考，它就演变成了一个有意识的、自愿的思维活动，并以可靠的理由为基础建立信念。

二、思考的中心因素

　　上面所描述的几种思维并不存在明显的界限，甚至时常发生交错、融合，而这导致我们想要养成正确的反思习惯变得困难重重。到目前为止，我们考虑了每种思维类型的极端案例，以便清楚地了解这一领域。现在我们反过来看一看，看看这样一个基本案例，它介于仔细检查证据和纯粹的幻想之间。在一个风和日丽的日子里，一个人正在散步。他抬头看天空时还是晴朗的，接着他就沉浸在自己的思绪中，忽然，他意识到空气变凉了。他想很可能要下雨了，于是抬头再次望了一眼天空，发现太阳已经被一团乌云遮蔽，于是他加快了脚步。在整个过程中，发生了什么可以称为思考的活动吗？散步或察觉空气变凉都不是思考，可能会下雨这一点是一种暗示。行人感受到空气变凉，自然想到抬头看天，而天气状态暗示着一场雨即将来临。

在同样的情形下，如果行人抬头看到乌云，并因乌云的形状联想到某个人的面容。那么，这两种情况都是由注意到或感知到同一个事实（天上的云），然后联想到另一件事，这件事虽然没有被观察到，但被联想到，被事物所暗示（要下雨和面容）。由一个事物联想到另一个事物，是这两种情况相同的地方；不同的是，看到云可以想到某个人的面容，却无法相信那朵云真的是一个人的脸。相反，降雨则是一个真正有可能发生的事。换句话说，我们并不认为云朵意味着或指示着一张面孔，这只是一种想象，但我们确实认为空气变凉可能意味着会下雨，这便是思考。在第一种情况下，看到一个物体时，我们只是"碰巧"想到另一件事；而在第二种情况下，我们考虑着所看到的物体和所暗示的物体之间的联系，并推断着它的可能性。看到的事物被视为某种方式上所暗示事物的根据，也就是说，它可以作为证据。

一件事物象征或预示着另一事物，从而引导我们考虑一个物体对另一个物体的信念是否具备依据，这个功能就是反思性或独特智力思维的中心因素。所有可以适用于"象征""指示"等词汇的情景，都可以让我们意识到这些词所指的就是实际事实。与这些词相近的词还包括指向、表明、预示、代表、暗示等。我们说一物预示另一物，不管是预示另一物的不祥之兆，还是预示另一物的关键，抑或是预示模糊的线索、暗示或提示，"implies"①一词都是适用的。

因此，反思暗示着某事被相信或不被相信，不是基于自身的直接观察，而是通过其他事物作为自身信念的根据或证据、凭证。比如，有时候，雨可以被直接感知和经历；有时候，雨是通过草地和树木被雨水打湿的样子或空气的湿度、气压等推断出来的。又如，有时候，我们可以不通过任何媒介直接看到一个人（或者认为我们直接看到了那个人）；有时候，我们不太确定自己看到了什么，只能寻找一些迹象、指示、标记等，来判断事实。

根据以上探讨可知，本书将思维定义为一种思想活动，其中现实观察到的事实可以为推断出其他事实（或真相）提供基础。我们不会把信念建立在百分之百的推断上。比如，"我想是这样的"暗示着我还不确定是不是这样。推断出来的信念可能会在后来被证实并确定下来，但当时确实具有一定的假设成分。

---

① "implies"更常用于描述由一个原则或普遍真理引发对其他真理的信念。

三、反思性思维的三个要素

以上就是关于思考的较为外在和明显的描述。我们需要进一步考虑的是涉及每一个思维活动的某些子过程。它们是一种困惑、犹豫、怀疑的状态，一种搜索或调查行为，旨在揭示进一步的事实，这些事实可以证实或否定所暗示的信念。

1. 同样是上面的例子，一个人出门时还风和日丽，走到半路突然感到一阵凉意，那么他有一瞬间一定会觉得困惑，这出乎他的意料，他需要某种合理的解释。说温度的突然变化构成了一个问题，可能听起来有点勉强，我们不妨将问题这个词的含义扩展一下，无论它多么轻微和平凡，总归对行人造成了一定的困扰，使他的信念变得不那么确定，那么在这种突变的经历中，确实涉及一个真正的问题。

2. 他抬头、扫视天空的动作，是为了解答以上问题。最初呈现的事实令他困惑，他马上联想到是不是变天了，于是他抬头看了看云，看的行为旨在发现这个解释是否站得住脚。当然，这一连串动作还不到调查研究的程度，但确实也是在查明情况、解决疑问。所以，我们不妨将思维活动的概念延伸到一些琐碎和寻常的事物中，那么这一行为便可以算作一种调查研究。探究的目

捉摸不定的感觉

的是证实或否定所暗示的信念。于是，新的事实被带到感知中，这些事实要么证实了即将发生天气变化的想法，要么否定了这一想法。

我们还可以再举一个例子，虽然这个例子很常见，但并不琐碎，而且确实能印证这个观点。一名旅人在陌生的地方走到一个岔路口，由于不熟悉此地，所以他陷入了犹豫的境地。哪条路才是正确的？怎么解决这一困惑？只有两种途径：要么随意选择一条路，寄希望于运气，结果如何随缘；要么根据思考找到依据，判断出正确的那条路。任何试图通过思考解决问题的努力都涉及对其他事实的调查，既可以搜罗记忆，还可以进一步观察，或者两者兼有。

陷入困惑的旅人必须仔细观察眼前的一切，同时努力回忆。他可以爬上一棵树，也可以先走一个方向，然后再折回朝另一个方向走，以此寻找线索、指示。他当然需要像路标或地图一样的东西，但他也可以通过思考发现能起到和地图相同作用的事物。

以上例子可以泛化，因为在生活中我们常遇到许许多多的"岔路口"，很多时候，我们无法辨别前进的方向，需要在模糊不清的时候做出选择。只要我们的活动顺利地从一件事过渡到另一件事，或者我们可以任由想象随心所欲时，就没有必要进行反思性思考。然而，当信念遭遇困难或障碍时，我们就被迫停摆了。在摇摆不定时，我们可以把这种情景比喻为爬树，即努力寻找更

高的观察点，从那里获得更全面的视角，审视更多的事
实，然后确定这些事实之间的关系。

　　为解决问题进行的思维，就是整个思考过程中稳
定的和引导作用的因素。在没有问题需要解决时，思维
就会随意流淌，也就是上文所说的第一种思维类型。如
果思维仅仅受情感的控制，即它们仅与单一的图景或故
事相契合，那就是第二种思维类型。但是，若有一个待
解答的问题、一个模棱两可的事情需要澄清，那就相当
于为思维设立了一个目标，并将其限定在一条明确的
渠道上。每一个被提出的结论都会受到这一参照目标的
检验，根据它们的相关性来衡量它是否适用于当前的
问题。解决困惑的需求也决定着所采取的调查研究的类
型。一个行人的目的如果是找到最美的风景，那么他所
要考虑的因素，必然不同于想要去往其他城市的行人所
考虑的因素。问题先一步塑造了思维的目的，而目的又
决定着思维的过程。

按照目的调
节思维

四、总结

　　思维的起源可以总结为某种困惑、混乱或怀疑。思
维不会仅仅基于"一般原则"而发生，一定是基于某种
特定的事情而发生。无论是孩子还是成年人，无论他的

经验中是否存在困扰或打破他平衡的困难，一味呼吁他去思考都是徒劳的，这就像让一个人用自己的力量拉起自己一样。

一旦出现困难，下一步就是提出某些建议——制订暂时的计划或方案，思考一些能解释所涉问题的理论。如果眼前的数据无法提供解决方案，只能提供一些暗示，那么，这些暗示的来源又是什么呢？显然来源于过去的经验和先前的知识积累。如果一个人曾经遇到过类似的情况，又恰逢处理过相同类型的材料，那么多多少少都能起到一些有价值的作用，或者回忆起类似的经验，否则，他将依然陷入一片混乱，无力解决。这时，任你强迫他去思考都是徒劳的。

即便是联想到某些建议，如果他立马接受，也终不过是缺乏反思、缺乏批判性的思维。若是再仔细思索一番，就意味着要寻求更多的证据、更新的数据，从而进一步考证这个建议，要么证明它是正确的，要么证明它是荒谬的、毫无意义的。只有在真正遇到困难，又有足够的经验时，什么是优秀的思维、什么是糟糕的思维，才能真切地体现出来。解决问题最简单的办法是立即接受一切看似合理的建议，不为此思虑再三。然而，反思性思维总是多少有些麻烦的，因为它需要克服不爱思考只被动接受的惰性，并愿意为此劳心劳神。简言之，反思性思维意味着在有了一定的判断后依然保持一段时间悬而未决的状态，再认真思索一番，尽管悬而未决的状态往往令人痛苦。培养良好思维习惯最重要的是养成这样的习惯，并掌握各种搜索新材料以证实或驳斥最初建议的方法。保持怀疑状态，进行系统化和持续的探究，是思维的要素。

第二章
思维训练的必要性

人是会思考
的动物

任何想要详述思维重要性的想法都是荒谬的。以往，人被定义为"会思考的动物"，也就是将思维确定为人类与动物之间的本质区别，这无疑是有一定道理的。然而，与我们的目的相关的是，怎样去思维，因为对这个问题的回答将阐明人类究竟该如何培训思维能力才能发挥它原本的功效。

一、思维的价值

审慎和有目
的的行动

1.思维是摆脱单纯冲动和习惯性行动的方法。动物若没有思维能力，便只能受本能和欲望的驱使，而本能和欲望是靠外部条件和生物体内部状态的刺激产生的，也就是说是被推动着去采取行动的。这样去行动，当事者将是毫无预见性和目的性的，更不会意识到采取不同方式去行动会产生不同的结果。简单说，他并不清楚自己在做什么。但如果他有思维能力，进行了思考，当前的事物就成为尚未经历的事物的一种标志或预兆。因此，有思维能力的当事者就可以根据尚未出现的和未来的事物去行动，按照他通过思考意识到的某种更遥远的目的去行动，至少就某种程度而言，是这样的。

　　没有思维的动物可能会在下雨时躲进洞穴，但这一行为是因为它的身体受到即时刺激。而有思维的个体会感知到一些特定事实，也就是捕获到即将下雨的迹象，并会根据这个迹象采取预防行动。播种、耕作土地、收割庄稼都是有意识的行为，只有那些学会将经验中即时感知的元素从表面上的价值转变为暗示和预言的价值的个体才能做到。哲学家常常强调"自然之书""自然之语"这样的说法。实际上，正是有了思维能力，人们才能从既有的事物推测出还未出现的事物，即认识到大自然在以它自己的语言传达信息。对一个有思维的个体来说，事物记录着它的过去，就像化石讲述着地球的历史，也预示着地球的未来；就像根据天体的当前位置预测遥远的日食。"树木中的语言，溪水中的书籍"这句话很贴切地表达了思考者眼中别样的世界。所有的远见、智慧的规划、慎重的考虑和计算都取决于事物自带的征兆。

**有系统的预
见性**

2. 通过思考，人类发明了人为的标志，以提醒自己提前了解后果，以及获得避免这些后果的方法。正如前面提到的思维的特征区分了人和动物一样，这种特征也将文明人和野蛮人区别开来。如果一个野蛮人在河中划船，却不幸翻船溺水，那么他可能会注意到一些事物，并把它们当成今后可能遇到危险的信号；而文明人会刻意标记出这样的信号，即在可能发生这类事件的地方提前设置警告浮标，建造灯塔。野蛮人可以熟练地读懂天气迹象；而文明人会建立天气预报系统，通过这套系统，任何天气迹象都可以被人为获取，信息在迹象出现之前就获知，且无须特殊技能就可以检测到这些迹象。野蛮人可以熟练地循迹穿越荒野；而文明人会修建通往各处的高速公路。野蛮人学会了辨别火灾的迹象，从而发明了生火的方法；文明人则发明了在需要时产生光和热的永久性条件。文明开化的本质在于人们刻意建立纪念碑和纪念物，以免遗忘，并且提前准备应对生活中各种意外和紧急情况的装置，以避开不利因素，或者至少保护自己免受影响，并使有利因素更加安全和广泛。所有形式的人造设备都是有意设计的自然事物的改良，以便更好地用来指示隐藏的、未出现的和未来即将出现的事物。

**物体本质的
丰富性**

3. 思维赋予了自然事件和自然物体一种截然不同的地位，而这是无思维者感受不到的。在无思维者眼中，某些词只是简单的比画，是光影的奇特变化，压根认识不到它们是其他事物的象征。而在一个懂得语言符号的人看来，每个词都有着独特的个性，根据它所传达的意义象征着某个事物。同样的道理也适用于自然物体。一把椅子，在缺乏思维能力的人眼中，只是一个看得到、可以啃咬和攀爬的东西；而在有思维能力的人眼中，借助它可以坐下、休息或交谈。一块石头，究竟是一块石头还是意味着其他什么，也取决于人是单纯只管感受，还是了解它过去的历史和未来的用途。事实上可以说，无思维的动物根本无法体验一件物体，因为任何出现在人们面前的物体在很大限度上是由它作为其他事物的符号所具有的要素构成的。

一位英国逻辑学家曾指出，质疑狗是否能看到彩虹，就像怀疑它是否能理解自己所在国家的政治体制一样。同样的原则也适用于它安睡的窝和吃的肉。当它犯困时，就会去窝里；当它饥饿时，就会被肉吸引。除此之外，它又以怎样的方式看待其他物体呢？当然，它并不会在看到一个房子时，想到它是一个永久居所，除非它能够透过当前的事物联想到未显现的事物，也就是说，除非它具备思维能力。它吃的东西也不会被视为肉，除非它能够根据未显现的属性联想到这是某种动物的肢体，并且知道它能提供怎样的营养。

当一个物体被剥夺了所有意义特质后，我们很难准确地定义它，但可以肯定的是，这个物体将与我们感知到的物体有所不同。此外，将一个事物融合为感知和思维，或作为其他事物的象征的可能性是没有特定限制的。之前需要哥白尼和牛顿那样的智慧才能理解的特质，如今，成了孩子们很快就能理解的东西。

思维的不同价值可以用约翰·穆勒的引述来概括，他说："推理，被认为是生活中重要的事。每个人每天、每时、每刻都需要推断那些他没有直接观察到的事实，这不是为了增加知识，而是因为这些事实与他的利益或职业休戚相关。法官、军事指挥官、航海家、医生、农民，其工作仅仅是判断证据并据此行事……推理得好与坏，决定了他们是否胜任各自的职责。正因如此，他们的头脑永远不停歇。"

二、方向的重要性在于实现这些价值

思想也会走偏

既然思维是一个人每天、每时都需要进行的事情，那么说明思维并不是具有技术性或多么深奥的事，但它也不是微不足道和可忽略的事。这一功能必须与心灵相契合，并且必须在清醒的头脑中，找一个合适的时机执行。正因为它是一个推理的过程，是根据证据得出结论间接形成信念的思维活动，所以它可能出错，也可能正确，需要得到特别的保护和培训。它的重要性越大，当它错误时，造成的危害就越大。

　　早于穆勒的一位作家，约翰·洛克（1632—1704）强调了思维对生活的重要性以及人们对思维培训的需求，他说："没有人做事是没有动机的，他必须有个做这件事的理由。不管他使用怎样的手段、怎样的理解力，无论是正确还是错误，无论是真实的还是虚假的，他所有的活动都受到这一动机所指导。因此，培养自己的认识变得极其重要，思想的形成也将格外小心，以正确地引导它去寻求知识和作出判断。"如果所有深思熟虑的活动和我们对各种能力的运用都取决于思维，那么洛克强调正确引导自己的认识是至关重要的这一说法就是恰当的。思维的力量使我们摆脱了对本能、欲望和惯例的奴役，但它同时给错误和失误带来了机会。例如，它让人在超越动物时，也让人有可能做出动物做不出的事。

三、需要持续调节的倾向

　　不管怎么说，无论是正常的生活起居，还是普遍的社会活动，都会为规范推理的运作提供必要的条件：生活总是强制实施一种基本和持久的纪律，即便是最巧妙的设计也无法取代这种纪律。被火烧伤过的孩子自然会怕火，让他亲身承受这种痛苦的后果，远比给他灌输各

正确思维的益处

种热性质的学术演讲更为有效。在生活中，很多事情也要求人们在进行合理思维的基础上开展，这时正确的推理显示出其重要性。正确的思维可以影响生活本身，或者至少可以帮助人们摆脱一定的烦恼。另外，人们需要能正确辨认诸如敌情、庇护所、饮食和社会交往等种种迹象。

认识仍有可能走偏

然而，这种对思维的训练，虽然在一定限度内有效，却不是无所不能的。在一个方向上得出的正确的逻辑成就，并不能阻止在另一个方向上得出荒谬的结论。一个擅长发现猎物踪迹的野蛮人，可能并不了解野兽的习性和结构，但他们依然很乐意对此侃侃而谈。当推理对生命安全和经济繁荣没有直接可感知的反应时，就没有与生俱来的阻力防止人们接受错误信念。有时候，少量生动有趣的事实基础就可以让人们作为依据得出结论；有时候，哪怕你拥有大量的数据，也可能无法得出正确的结论，只因为现有的习俗不愿接受它。

脱离训练之外，还存在着一种"原始轻信"，即分辨不清也不去分辨什么是幻想出来的东西，什么是合理的结论。就像有人看到天上出现人脸形状的面孔就相信了它是真实存在的。智者也无法阻挡谬误的传播，未经训练的经验也不能阻止错误信念的积累。错误之间可能相互支撑，互为依据，编织出一个更大、更牢固的错误。比如，梦境、星座、手纹，都可以被视为有价值的迹象，一张牌的掉落也被认为是大凶之兆，而那些拥有关键信息的自然事件却被忽视。人们现在认识到，种种占卜预兆不过是隐藏在角落里见不得光的迷信，但在过去很长一段时间，它们就是普遍存在的。长久以来，人类花费了很多精力，拿出了很多科学依据才将其征服。

就纯粹的功能而言，汞柱变化预示晴雨，与观察动物的内脏或鸟类的飞行而占卜战争命运，本质上都是联想，没有区别。就未卜先知而言，撒一把盐预测凶吉和被蚊子叮咬而感染疟疾的概率一样大。只有对观察条件进行系统性调节，严格约束接受暗示的习惯，才能确定哪种信仰是有害的，哪种是可靠的。将科学推理代替迷信的习惯并非依赖提高感官的敏锐度或暗示功能的自然运作，而是依赖对观察和推理条件的调节。

迷信和科学都源于自然

值得注意的是，一些哲学先贤已经努力探索过人们为什么会在达成信念的过程中犯错误，以及它的主要原因是什么。例如，弗朗西斯·培根在现代科学探索的发端，就列举了四类这样的错误源，他还用了一个略带奇幻色彩的标题，如"偶像"（希腊词，意为形象），指那些引诱思维误入歧途的幻影形式。他将这些"偶像"或者说幻影，分为四类：①部落的；②市场的；③洞穴或巢穴的；④剧场的。或者更直白地说，就是：①人类普遍本性的错误方法（或诱惑）；②人类的交往和语言上的交流；③归因于某个特定个体的原因；④那些源自某一时期的风尚或风俗。假如对这些导致信念错误的原因进行分类，可以将其分为两种内在的、两种外在的原

错误思考的常见原因

因。内在的原因：一种是所有人共有的（更容易注意到与自己偏爱的信念相符的实例，而不是那些与之相悖的实例）；另一种则存在于个体的具体气质和习惯中。外在的原因：一种来自普遍的社会条件，即倾向于认为只要有名就代表存在的事实，而没有名就没有事实；另一种来自不同地域、不同时代的社会风气。

洛克所谈的处理错误信念的典型方法不那么正式，因此对大众来说可能更具启发性。他的语言虽然古怪，却十分具有说服力，没有比引用他的理论更好的说服方法了，他列举了三种不同类型的人，展示了三种让自己误入歧途的方式。

依赖人　　1. 第一种人很少思考，而是根据他的榜样行事和思考，不论是父母、邻居、牧师，还是其他他们选择的值得信赖的人，仅仅为了不用动脑去思考和检验。

凭激情　　2. 第二种人用激情取代理性，决定让激情统治他们的行动和论点，自己不依赖理性，也不倾听他人的理性，只以自己的兴趣、利益或爱憎为依据。

遵理性　　3. 第三种人乐意遵循理性，且十分真诚，但由于缺乏健全、全面的常识，未能全面了解与问题相关的一切……他们只与一类人交谈，只读一类书，只听一类观念……他们宁愿在小溪中随波逐流，也不愿意冒险涉足知识的海洋。他们之间唯一的差异在于人生际遇的不同，这使他们获取的信息、想法、观念和观察，以及能运用自己的头脑去思考的东西出现了偏差。

在洛克的另一部分著作中，他也表达了相同的思想，只是表述形式不同而已。[①]

1. 我们对这些原则坚信不疑，以至于其他人的证词，甚至我们自己亲耳所闻、亲眼所见的证据，也统统被拒绝接受，结果最常见的便是当他们企图证明与这些既定规则相悖的任何事情时……孩子们已经理所当然地接受了父母、保姆或周围人提出的见解。这些见解被潜移默化地灌输到孩子们无所防备且未受偏见影响的理解中，逐渐扎根，最终被长期的习惯和教育所铆定，再也无法抽离出来。当孩子们长大后反思他们的观点，会发现这类观点已经在他们的心中根深蒂固，甚至不知道它们是如何被灌输的，也不知道自己是怎样接受的，他们就那么理所当然地将其奉为"神明"，不容侵犯、不容置疑。他们将这些观点视为"决定真伪的伟大无误的裁决者，是在任何争议中要诉诸的裁判者"。

2. 接近这些人的是那些思维被铸造成一种模式，并且仅仅接受自己的假设的人。这样的人虽然不否认事实和证据的存在，但由于固守一定的信念而闭塞了心灵，无法被证据说服，即使这些证据原本应该能够说服他们的。

思想闭塞

---

① 他说："人的偏见往往会欺骗自己……混入一些有利的词语，引入有利的观念。最终通过这种方式，将一切都装扮得清晰明了，而事实上，这样用虚伪装扮出来的东西，如果没有精准明确的概念，将根本不被认可。"

3. 以激情为主。第三种人横亘在人们的欲望和主导激情之间，无论它的概率多高，只要不合乎自己的喜好都不予考虑。一个贪婪者的推理过程是这样的：一边是概率很高的事，一边是他喜欢的钱财，那么他一定义无反顾地选择钱财。尘世之心如同泥墙，根本无法抵挡强大的攻击。

对权威的盲从

4. 权威。这是最后一个被洛克注意到的误判概率的错误措施，对权威盲从的人数远远超过前几种人的总和，他们让更多的人陷入无知或错误中，无论是朋友或党派、邻居或国家，只要大家都信，就会放弃自己的思考，随时盲从。

错误思维习惯的先天和社会原因

培根和洛克都明确表明，除了个体的性格使然，社会条件往往通过权威、有意识的教导，以及更加隐秘的语言、模仿、同情和暗示的影响，助长错误的思维习惯。因此，教育不仅要帮助个体抵御自身的错误倾向（草率、傲慢和对符合自身利益的东西优先于客观证据的偏爱），还要消除长期积累且自我延续的偏见。当社会生活变得更加理性，更充满理性信念，不再受僵化的权威和盲目激情左右时，教育机构会变得更积极、更具建设性，因为它们将与其他社会环境对个人思维和信念习惯施加的教育影响协调一致。目前，教学工作不仅要将孩子们的自然倾向转化为训练有素的思维习惯，还要健全其心智以抵制社会中的不良风气，消除固有的错误习惯。

四、规范将推理转化为证明

思考是重要的，因为正如我们所知，它是一种功能，即用已知或查明的事实为未直接查明的事实背书。但从已知的事实推未知的事实是一个特别容易出现错误的过程，容易受到许多看不见的、未考虑到的因素的影响，包括过去的经验、自身的利益激发、沉浸在偏见中或没有根据的期待中等。思维的实践，从字面意义上理解即推理，通过推理，我们可以从一件事情抵达另一件事情。这就像一次跳跃、一次飞跃、一次由此及彼的超越。只要没有智力障碍，人们都能自然而然地从已知事物联想到未知事物，或根据已知推测事物的发展。这便是一次飞跃，它的必要性决定着人们必须注意飞跃需要的条件，以减少犯错的可能性，提高飞跃后正确着陆的概率。

思维的飞跃

这时需要注意的是，要关注调节建议功能发挥作用的条件以及接受所提建议的条件。推理需要在这两方面受到控制（其中细节便是本书的主要研究对象之一），这构成证明的基础。证明一件事意味着要尝试、检验它。极端例子常用来证明这条规则，例外情况是极其复杂的，因此是用最严格的方式测试其适用性。如果规则经得起这样的考验，那么就没有进一步怀疑的理由。直到一件事经过检验我们才知道它的真正价值，在那之

充分调节，
以此证明

前，它可能是虚假的。推理亦如此。推理本身的确是一种宝贵的功能，但这并不能保证任何特定推理都是正确的。任何推理都可能出错，因为总有一些因素会导致它出错。重要的是，每个推理都应该是经过检验的推理，或者应该对那些经过检验的信念和没有经过检验的信念进行区分（因为通常做不到这一点），并对产生的信念种类和程度保持一定警惕。

教育的责任是培养熟练的思维能力

虽然教育的任务不是要证明每一个提出的假设，就像教育没办法传授无穷无尽的知识一样，但教育有责任培养学生有效的思维习惯，教导学生学会区分经过验证的信念和单纯的断言、猜测和观点；要热切、真诚和开明地培养那些有适当根据的结论的习惯，并将适合于各种问题的探究和推理方法根深蒂固地融入个体的工作习惯中。无论一个人对传闻和信息了解多少，如果他缺乏基本的思维习惯，他就不是一个真正接受过教育的人。由于这些习惯不是天生的，再加上自然和社会环境的偶发因素不足以促使它们被习得，所以教育应当将主要任务放在培养这些习惯上。所谓培养这些习惯，就是训练思维能力。

第三章　思维的
自然资源与培训的转化

接受训练的
条件

上一章谈到了通过培训将推理的自然能力转化为批判性审视和探究习惯的必要性。思维对生活的重要性使它必须受教育的控制，因为在不加控制的情况下，它很容易偏离正途，加上社会中存在太多的影响因素，容易促使人们养成错误信念的思维习惯。然而，培训也有条件，那就是本来有思维能力的人才能加以训练。也就是说，训练是有条件的。一个在接受培训前就不会思考的人，再怎么训练也无法提升思维能力。简言之，培训必须建立在原本就有自然且独立的思考能力的基础上，它关注的重点是如何正确提高思维能力，而不是创造这种能力。

必须发挥主
观能动性

教和学是相互关联的过程，就像买和卖一样。卖货的人即便在没有人购买的情况下也可以说他卖出去了，就像教书的人即使学生没有学到东西，他也可以说他已经教过了一样荒谬。这说明，在教学过程中，主动权更多地掌握在学习者手中，就像在买卖中主动权掌握在购买者手中一样。一个培养思维的人应该学会更经济有效地利用他已经拥有的思维能力。同样地，教人思维的人，应该将重点放在如何激发学习者已有的思维能力上。只有当教师对他必须依靠的自然资源有深刻的了解时，教学过程对学习者来说才具有吸引力。

重要的自然资源　　想要列出这种自然资本项目的清单，必须忽略一些复杂细节，为此，我们可以列出思维所必需的因素，这将有助于概括出它的主要因素。思维涉及提出一个可接受的结论的建议，同时通过搜索或调查来检验这个建议的价值，然后接受它。这意味着要有一定的经验和事实的储备，开展合理联想，且联想要及时、可推论和丰富，要有序、连贯和适当。显然，一个人可能会同时受到这三个方面的困扰：他的思维可能是不相关的、狭隘的或粗糙的，因为他没有足够的阅历和实际材料进行联想；即便阅历丰富，接触广泛，也无法轻松地引发丰富的联想；即使满足了以上两个条件，但进行的联想凌乱而荒谬，毫无秩序和逻辑可言。

一、好奇心

在能引发联想的原始材料中，最关键和重要的因素 希望得到充
毫无疑问是好奇心。好奇心是所有科学之母。一颗懒惰 分的体会
的头脑可以说是在守株待兔，被动地坐等。华兹华斯那
句富有哲理的话说得就很好：

眼睛不能选择不看；
耳朵，不能保持安静；
我们的身体无论何时何地都在感受，
不管我们是否愿意。

论天生的好奇心，华兹华斯的话十分适用。好奇心
旺盛的人不断保持警觉和探索，寻找思考的素材，就像
一具强壮健康的身体渴望营养一样。有好奇心的地方，
就有对经验的渴望，有对新奇和多样接触的追求。好奇
心是获得推理的原始材料的唯一保证。

1. 在最初的表现中，好奇心是一种丰富有机能量的 身体接触
表达。生理上的不安会引导孩子对一切感兴趣，他们不
断地伸手戳、敲、窥探。观察过动物的人已经注意到，
"它们天生就爱嬉闹，不停地干傻事：老鼠四处奔跑，
毫无意义地嗅着、挖着或啃咬。同样，叫杰克的小狗也

毫无意义地扒拉着、跳跃着，小猫悠闲地闻闻这、抓抓那，水獭四处溜达，大象不停摸索，猴子乱扯东西。"随便观察一下年幼儿童的活动，就会看到他们在不断地探索。随便摸索和拍打物品，推推拉拉，丢丢捡捡，总之，一直在摸索试探，直到失去新鲜感。这些活动不能算作智力活动，但如果没有它们，智力活动将因缺乏操作材料而变得苍白无力，甚至停止发展。

2. 在受到社会刺激的影响下，孩子的好奇心会进入一个更高的阶段。当孩子不能再从接触物品中获得有趣反应时，就会发现可以通过求助丰富他们自己的经验，这时，一个新的阶段就开始了。"那是什么？""为什么？"成为孩子在场的标志。起初，这种疑问只是幼儿早期对物品试探摸索的延伸，但随着问题的深入，他们逐渐将范围延伸至社会关系中：支撑房子的是什么，支撑房子的土地又是被什么支撑的，承载土地的地球又是受什么支撑的？诸如此类。但他的问题并不代表他们已经具备了自觉的理性探索。如此多的"为什么"并非寻求科学的解释，而是渴望更多地了解他们所处的神秘世界。这种探索并不是为了找到一个法则或原则，而是为了寻找他们想要的事实材料。然而，尽管幼儿的询问有时看起来像是一种语病，但他们其实不仅渴望积累信息或堆积零碎的材料，而是朦胧地感觉到，他们得到的答案并不是全部，这背后还隐藏着更多的东西，这就是好奇心的萌芽。

智力探索　　3. 当孩子的好奇心转化为观察、发问，以及对一切事物感兴趣时，当孩子向别人提出问题未得到解决时，当孩子在自己的脑海中思考那悬而未决的疑问时，好奇心就超越本能层面和社会层面，上升到智力层面。具备发散思维的人，往往能看到自然和社会中充满了各种各样的微妙挑战，这些挑战促使他们生出继续探索的冲动。这种思维的萌芽要及时抓住和培养，否则很快就会消失。尤其适用对不确定和有疑问性的事物的敏感度方面。思维和好奇在有些人身上似乎永远得不到满足，但对大多数人来说，它很容易变迟钝。培根说，我们只有把自己想象成小孩子才能进入科学的王国，这是在提醒人们不要忘了童年时期灵活开放的思维和充满活力的好奇心，同时提醒人们这种与生俱来的天赋是最容易被遗忘的。有些人因漠不关心或粗心大意而失去了它；有些人因轻率而失去了它；有些人在例行公事的过程中，变得无法接受新事实和问题。更多的人只对与自己事业有关或者关乎自身利益的事情保持好奇心。有些人的好奇心仅限于探听身边人的秘闻，以至于人们总是将好奇心与窥探别人隐私联系在一起。因此，相比学生，教师更需要保持其好奇心。当前，教师的任务更多在于保持自身好奇心的火种，激发学生思维的火苗。教师要保护学生想要探索的精神，防止它因过度兴奋而厌倦，因例行而呆板，因教条而僵化，防止它被困在毫无意义的琐事中消耗殆尽。

二、联想

无论联想是丰富的还是匮乏的、重要的还是琐碎的，都会给出一些之前未给出过的想法或信念。联想的功能并非通过教导就能产生的，即使它可能会受到条件的影响而有所改变。一些人曾尽力尝试看看自己是否能够"停止思考"，但联想绝不会受到意志的干扰，它一定会继续进行，就像"我们的身体总在感知一样，不管我们是不是愿意"。从根本上来说，思考是自然而然发生的，而不是我们主动进行的。只有当一个人掌握了启动联想功能的方法，并对其后果负责任时，才能真正地说"我认为是这样的"。

联想的维度 1.联想的功能（或者可以称之为维度）有三个，在不同的人身上发生不同的变化，组合方式也因人而异。联想的三个维度包括联想的速度、广度（多样性）和深度（持久性）。

（1）将人们分为迟钝和聪明的根据就在于事件发生后，人们联想反应的速度上。有些人不会主动联想，只会被动吸收。而有些人则反应敏捷，能做出各式各样的反馈。迟钝者没有反应，聪明者以不同的速度进行点到点的反馈。迟钝的头脑需要强烈的冲击才能引发联想，而聪明的头脑能够做出敏捷、迅速的反应。

然而，教师不应因为学生对某学科或教科书的不感兴趣就认为他们是迟钝的。被贴上"无可救药"标签的学生在遇到感兴趣的事情时，能迅速做出反应。例如，一个男孩虽然学不会几何，却在手工课上表现得积极、活跃；一个对历史学科没有兴趣的女孩，却对分析人物性格十分在行。只要没有智力障碍，很少有人对现实生活毫无反应。

（2）联想在数量或范围上存在差异，只不过这一差异与速度无关。在某些情况下，可以说思如泉涌；而在其他情况下，只是涓涓细流。有时，可能是各种联想相互制约才导致的反应迟疑；有时，可能是一种联想过于活泼而抑制了其他联想的发展。联想过少表明这个人习惯于贫乏的思维。这种人若拥有广博的学识，并从事学术研究工作，可能会成为老学究式的人。这样的人思维僵化，除了单方面输出他的信息，可能什么其他想法也没有，很容易让人反感。这种人与那些"圆滑""世故"的人形成鲜明对比。

联想过多也不利于形成良好的思维习惯。联想如潮水般涌现，容易导致一个人难以做出选择，很难得出明确的结论，或在实践事务中犹豫不决，在理论问题上左右为难。思考过多也不一定是好事，当行动被提出的观点禁锢时，联想越多反而越妨碍寻找正确的逻辑顺序，因为它可能会引诱思绪远离那些必要的又令人困扰的任务，而更愿意在讨论的事实上进行装饰性的描绘或愉快的幻想。最佳的思维习惯在于联想既不要太多，也不要太少，保持平衡。

（3）联想的深度。我们判断一个人的智力，既要看他的反应速度和广度，还要看他思维的深度——反应的质量。

有的人思维深刻，有的人思维肤浅；有的人能深入事物根本，有的人只触及事物的表面。思维的层面很难受外部环境影响，因此是很难教授的。然而，学生接触学科内容的条件可能会督促他深入学科的一些实质内容，或者鼓励他只处理一些表面的琐碎的事。一种看法认为，学生只要思考就是好的；另一种看法认为，学习的目的主要是积累信息。这两种看法显然都不太重视培养思维的深度。在日常实践中，有的学生能敏锐地区分什么是重要的，什么是无意义的。然而，一些学校的教育往往是将所有事情等同起来，因为在它们看来，开发智力的目的不是用来区分事物的重要性的，而只是用来堆砌文字的。

快慢与深浅　　反应的速度和深度是紧密相连的。消化印象，并将其转化为实质性的想法是需要时间的。有时候，"反应迅速"可能只是昙花一现，无论成年人还是孩子，那些"慢而稳"的人，往往属于厚积薄发型的，他们的思维能达到更高的境界，而不至于昙花一现。许多孩子因"反应迟钝"而受到责备，但他们只是需要时间来有效地聚集能量，以解决手头的问题。这时的责备会导致孩子形成仓促做出肤浅判断的习惯。任何鼓励学生通过死记硬背简单应付问题的教学习惯，都不利于学生进行正确的思维训练。

研究那些在学校被贴上"反应迟钝"标签、成年后却在各自领域取得杰出成就的人是有价值的。有时，早期的错误判断主要是因为孩子展示能力的方向不符合当时的标准。有时，有些孩子早已习惯往更深层去思考，这在快问快答的课堂中就没有优势。有时，孩子的思维方式可能会与教材和老师的方式发生冲突，但主流教育显然更认可教材和老师的方式。

不管怎样，老师最好能摆脱思考是一种单一的、不可改变的能力的观念，而应认识到思维的定义本身就意味着事物获得意义的方式是各种各样的。同样的，教师最好也要摒除另外一种类似的观念，即某些学科天生代表着"高智商"，因此竭尽所能地训练学生的思维能力。思维是因人而异的，不是像机器一样可以随意应用于所有学科。思考是具体的，不同的事物会启发不同的意义，而且它们会以截然不同的方式向不同的人展现这一点。思考不像香肠机，可以将所有材料不加区分地杂糅成一个可销售的成品，而是一种将特定事物追踪和联接到特定联想的能力。因此，任何学科，从希腊语到烹饪、从绘画到数学，都是可以开发智力的，这不是因为它的内在结构具有智力，而是因为这是它们的功能所在——开发和引导有意义的探究和反思的能力。

三、条理性：它的本质

连贯性 　　无论从狭义上还是广义上来看，事实以及由事实联想到的结论，无论多少结合在一起，都不能构成反思性思维。联想必须被组织起来，相互参照，并与它们所依赖的事实相关联，以证明它的正确性。当便利性、多产性和深度得到适当平衡或调和时，我们就能得到思维的连贯性。我们既不希望有一个迟钝的头脑，也不希望头脑的反应太过仓促；我们既不希望散漫任意，也不希望冥顽不化。连贯性既不同于机械化的例行公事，也不同于蚱蜢般的跳跃式运动。关于聪明的孩子，人们常说"如果他们能安下心来，做什么都不难成功"，这句话的根据就是这个孩子对任何事都能做出迅速、灵活的反应，但遗憾的是，他们很少能安下心来。

　　另外，仅仅做到不受干扰是不够的。我们并不是让学生只盯着一处，专注并不意味着固定不动，更不意味着想法的停滞，而是将各种各样的想法转变成一个单一、稳定的趋势，朝着一个统一的结论前进。安下心来并不仅仅是要集中思想，更是要朝着一个目标不断前进，就像将军集结部队进行进攻或防御一样。保持思想专注，就像海上行船，要通过不断变换位置，保持方向不变。一致、有序的思考正是这样一种转换过程。连贯性要求防止矛盾，思维集中要求防止分心。即便出现各种各样不同的和不相容的联想也不要紧，只要每一个联想都与主题相关，思考就可以保持连贯、有序。

通常来说，对大多数人而言，有序思维习惯是间接培养的，而不是直接达成的。智力的组织随着实现目标所需的行动发展而来，而非直接向思维提出诉求。所有人在事业、专业、人生追求的最初阶段，都是通过组织行动达到有序思维的。这就像一条连续的轴线，将他们的知识、信念以及经检验的结论有序地组织起来。他们履行自己的职责，即进行有效且精确的观察，然后加以延伸。相关信息不仅被积累起来，还会被分类，以便在今后用到时可以随时拿起。大多数人的推理并非单纯推理，而是因为他们卷入了"各自职业中所涉及的职责，且必须有效履行"。因此，他们的推理不断被检验，并逐步摒弃徒劳和散乱的方法，高度重视那些有序的安排。种种事件、问题总是在检验着他们的思考，对所有的非科技领域的人员来说，这种行动效率实际上是他们有序思维的主要来源。

成年人有序思维的主要来源在培养青少年形成正确的思维习惯方面应该得到重视。然而，在组织活动方面，青少年和成年人之间存在着深刻的差异——这些差异在利用行动进行教育时必须严肃而认真地考虑：①成年人更迫切地想要通过活动产生外部成就，因此，对他们而言，这种思维训练手段比青少年更有效；②成年人

> 实际需要促成一定的条理性

的活动往往具有目的性，这方面比青少年更专业。

孩子遇到的特殊困难

（1）相较于青少年的情况，为成年人选择和安排适当的行动方针要简单得多。成年人的行动方针或多或少是由环境决定的。成年人有一定的社会地位，是家庭的主人、是孩子的父母，从事某种规律的工作，这些都限定了成年人应该执行的主要行动的特征，并自动地获得了相应的思维模式。但青少年并没有固定的地位和追求，也就没有什么保持连贯性的行动方针，除了他们自己的反复无常，他们周围的人也往往会将自己的意愿强加于他们，这些都导致他们难以进行持续连贯的行为活动。再加上他们内在的不成熟、易变的想法，导致为他们找到一个有效的思维培训模式变得难上加难。在这种情况下，青少年行动方式的选择特别容易受到任意因素的影响，如学校传统、教育主流和社会风气等的影响，以至于有时候因为成效不理想，导致教育者完全丢弃实际行动，而只讲方法论。

孩子的特殊机会

（2）以上所显示的困难正指向这样一个事实，即青少年选择真正具有教育意义的活动的机会远比成年人大得多。对于大多数成年人来说，外部压力非常大，以至于他们追求的教育价值无论多么真实，都是偶然的，至少大多数是偶然的。对于青少年而言，问题和机会在于选择有序且连续的职业模式，这些模式既能为成年生活中不可或缺的活动做准备，又能立竿见影地帮助他们形成良好的思维习惯。

教育实践表明，在致力思维训练方面，往往存在这　**两个极端**样一种倾向，即人们会在两个极端中间摇摆不定。一个极端是人们几乎完全忽视训练的存在，认为它们是混乱的，只是吸引未成年人眼球的游戏，哪怕避免了一些问题，也是多少带有商业化的成人活动，是可以随时被取代的。这样的活动能进入学校，充其量是校方由于某种功利主义需求不得已而为之，要么就是为了缓解学生的智力疲劳。另一个极端是只要不是让青少年被动吸收理论知识，校方对任何形式的活动都满怀信心，甚至认为这些活动都能达到神奇的效果。极端的人会大量援引游戏、自我表达、自然成长的观点，在他们眼里，仿佛任何形式的自发活动都能让思维力得到适当训练。同时，他们还会援引一些生理知识以证明任何肌肉的锻炼都能增强思维力量。

当人们从一个极端摇摆到另一个极端时，很容易忽视最严重的问题——发现和安排活动形式的问题。活动的形式必须是：①最适合未成年人智力发展的；②为承担成年后的社会责任做准备；③竭力促进他们养成敏锐的观察习惯和连贯推理的习惯。正如好奇心与获取思维材料密切相关，联想与思维的灵活性也密切相关，因此，活动本身即便不是主要的智力活动，它与形成连贯思维的能力也不无关系。

第四章
学校条件与思维训练

一、引言：方法与条件

正规科目　　如果思维与观察、记忆、想象以及对人和事物的常识均不相干，而是一种独特的心理机制，那么就应单独设计一种运动来训练思维，就像专门针对肱二头肌设计的特殊训练一样。某些学科因此被视为先天具有锻炼思维能力的学科，就像专门适用于锻炼臂力的训练一样。另外，还存在一种观念，即思维训练方法是由一套操作组合形成的，通过这些操作，思维训练得以启动，并可以在任何题材中持续运转。

　　在前几章，我们已经试图澄清，思维力量并非单一和统一的，而是由许多特定事物——观察到的事物、记忆中的事物、听说的事物、读到的事物——引发联想或想法的不同方式，且它们在任何场合都有效，并持续有效。训练就是培养好奇心、联想、探索和检验习惯的发展，扩大它们的范围，提高它们的效率。一门学科，或者说任何学科，只要帮助个体实现了这种增长，那么它就是有效的。从这个观点出发，训练关注的是提供满足个体需求和提升个体能力的条件，以促进观察、建议和调查的持续改进。

　　基于此，教师面临的问题可以说是双重的。一方面，教师需要研究学生的特质和习惯；另一方面，教师需要成为研究改善或恶化学生个人习惯表达的条件。教师需要认识到，方法不仅包括他有意识地设计和采用的心智训练的内容，还包括他下意识所参考或运用的因素——学校的氛围和个人行为中任何影响学生好奇心、反应能力和有序活动的事物。一个研究过这些运作影响的教师，可以信任他本人找到更适合的、更专业的教学方法，以期在一些特定的学科中取得成效。如果一个教师认识不到学生的思维能力，以及学校环境对思维能力的培养产生潜移默化的影响，那么他的教学技术再高超，也不可能培养学生发展出深层次思维。在这里，学校环境的影响可以分为三类：①学生接触到的人的态度和习惯；②所学科目；③教育目标和理想。

方法的意义

二、他人习惯的影响

人天生具有模仿的倾向，这说明人们很容易在心理、行为上受到他人习惯的影响。榜样的作用远比规则更大，影响也更深远。教师哪怕再优秀，也可能会在不知不觉中被他的某些个人特质所抵消。当然，教师在教学方法上的缺陷，也可能会因为他的某些表率作用得到弥补。

对环境的反应是基本的因素

然而，若将教育者（无论是父母还是教师）的影响仅仅归于模仿，这显然太过肤浅了。模仿只是更深层原则的一个表现，究其根本，可以追溯到"刺激—反应"上。教师所做的一切以及他做事的方式，都会促使学生以某种方式做出反应，而每种反应又会在某种程度上决定孩子的态度。即使孩子不在意或不注意大人的言行，往往也是大人无意间引发的一种训练结果。① 教师很少（甚至从未）能够作为引导思维的媒介。对于年幼的学生，教师的个性影响与所教授的主题紧密融合在一起，学生不会将两者区分开来。当学生对教师的教学方法做出负面反应时，教师会不自觉地对自己的行为以及

---

① 一位母亲多次呼唤一个四五岁的孩子，但孩子没有任何反应。当被问及是否听见时，孩子机智地回答："哦，听到了，但她不是还没生气呢吗？"

所从事的主题进行评价，同时评判学生的欢喜厌恶。这种评判对学生道德、性格、言谈举止习惯的形成具有深刻影响。但是，将思维视为一种独立能力的观点，常常使教师忽视这种影响同样会施加于智力的开发上。对事物的反应是否呆板，对涉及的问题是否拥有好奇心，学生的每一种特质其实都是教师教学方法中不可避免的一部分。老师如果在不经意间形成不太好的口头习惯、粗糙的推理、缺乏想象力的回应，都会对师生交往全过程造成影响。这是一个错综复杂的领域，特别需要注意以下三点。

1. 大多数人很少意识到自己的思维习惯是否有独特之处，他们总是理所当然地用自己的思维习惯来衡量他人的思维习惯。这就造成这样一种现象：教师会下意识地肯定与自己有着相同思维习惯的学生，而对另外的学生不予理解，甚至忽视他们的思维习惯。这就导致教育界存在这样一种现象：过高地评估理论性科目对思维训练的价值，而对实践性科目的价值褒贬不一。这就不难理解为什么教师更喜欢那些注重理论学习的学生，而排斥执行能力强却理论欠缺的学生了。教师按照相同的标准评估科目和学生，这也造成现代教育对学生的思维训练是片面的，注重理论培养而不注重实践锻炼的结果。所以，有的学生从不主动提起他们拥有心算能力，被问及为何这样，他们的回答是以为所有人都具有这样的能力。

2. 教师尤其是优秀教师，往往依赖自己的优势督促学生学习，用个人影响替代学科本身来激发学生的学习动机。教师通过个人经验总结发现，当学科本身无法吸引学生的注意力时，自己的影响力反而十分有效。于是，教师越来越多地在教学过程中凸显自己的个性，甚至逐步用师生关系取代了学生与学科的关系。这样可能会造成学生对教师形成依赖，而不是关心学科本身。

独立思考好
过跟着别人
思考

3. 教师必须尽可能地避免将自己的思维习惯带到教学过程中，因为这很可能导致学生只追随教师的个人影响力，而忽视对学科的研究。学生会特别关心如何迎合教师的期望，而不是全力投入解决学科问题。学生在考虑"这样对吗"时，其实是在考虑"这个答案会不会让老师满意"，而不是"是否解决了问题"。不过，也不必全盘否定学生对教师和其他同学的追随，研究教师的个人特点也是有价值的，但显然，学生不应该让自己的思维建立在迎合他人的要求上。

三、学科性质的影响

学科的类型

学业通常被分为以下几类：①涉及技能习得的科目，如阅读、写作、计算和音乐；②主要涉及知识习得的信息类科目，如地理和历史；③技能习得和信息量相对较少的，更注重抽象思维和推理的学科，如算术和语法。每个学科类别都有其特殊的潜在问题。

1. 在所谓的学科性或以逻辑为主的科目中，存在将　抽象被孤立
智力活动与日常生活隔离开来的危险。一些教师和学生将逻辑思维视为一种抽象和遥远的东西，并将其与具体的日常生活事件隔离开来。于是，抽象概念变得越来越遥远，远到脱离实际应用，甚至无关乎道德评判。这也导致专业学者经常打着专家的旗号夸夸其谈，而所谈内容抽象得离谱，丝毫无法解决实际问题，这就是将学科研究完全脱离日常生活的不良影响的典型案例。

2. 如果只侧重技能习得，也存在一定的危险，只　机械的训练
不过这种危险与之前所述的危险完全相反，即人们总是企图走捷径来达到目的。这使得学生在学习过程中变得机械化，智力发展受到限制。在阅读、写作、绘画、实验室技术等方面，需要掌控时间成本和材料成本，需要准确有序、及时快速地达到标准，这些都很重要，以至于把它们当成目标，而不再考虑它们对一般思维造成何种影响。单纯模仿、传授步骤、机械训练，可能短时间内会很有效，但长远来看，是非常不利于良好思维形成的。学生在教师的指点下一步步解答，却完全不明白为什么要这么做，时间长了，他们只知道这样做能很快算出答案，即便走错一步，他们也会被马上纠正，他们会机械地重复练习，直到能下意识地快速解答。接着，教师终将发现，学生一直在面无表情地照本宣科，遇到实

际问题时束手无措，毫无问题解决能力。这种方法是把对人的训练降低到对动物的训练水平了，他们忽略了一点，即掌握实际技能也需要动用智力，只有这样才能在实践中做到举一反三，而非机械化地重复。

信息与智慧　　3. 在强调信息积累和信息准确的学科研究中，也存在类似的问题。信息和智慧之间的区别，很早就明确了，但仍需要重新界定。信息是已获取或已存储起来的知识，而智慧是帮助人们改善生活的知识。获取信息不需要经过特殊的训练或培养，智慧则只有经过训练才能拥有。在学校，积累信息的科目的教学目标往往是把学生变成"行走的百科全书"。无论这些信息有用无用，学生必须知道，这成了教学的首要目标，培养思维能力则成了次要目标。当然，脑子里毫无信息积累，也是无法进行思考的。

但究竟是为了掌握信息而单纯地积累信息，还是将掌握信息当成思维训练的一个组成部分，这完全是两码事。有的人认为，只需要将信息积累起来，就可以在识别和解决问题的过程中自由运用思维，这是完全错误的。可供思维随时运用的知识，只能是在开发智力的过程中获得的知识，除此之外，别无其他。因为这类知识通常是在特定情况的特定需要中获得的，所以尽管没有丰富的书本知识积累，人们也能够在实际生活中一点点地积累相应的知识，而那些博学多闻的人到最后往往会湮没在浩瀚的典籍中，因为他们一直以来只靠记忆获得知识，而不是靠思考获得。

四、当前目标和理想的影响

上面讲的看似难以理解的状况与刚刚谈论的教育现状是分不开的，因为当前的教育就是要让学生掌握机械化技能和大量信息。然而，这并不妨碍人们对教育做出判断。比如，有的人依据外在成果评判教育，有的人依据个人态度和习惯养成评判教育。现在主流趋势是将外在成果奉为教育的理想，并在学科教学和品德教育方面表现出来。

1. 在教学中，外在成果表现为只重视正确答案。让学生正确背诵课文，历来被认为是教师的主要职责，教师也被这种观念主导，以至于无法集中精力培训学生的思维能力。无论是有意识的还是无意识的，只要把这一点当成教学的首要目标，那么思维训练就必然沦为次要目标了。为什么主流思想是这样的？其实不难理解。学生人数众多，多数家长又要求教育效果立竿见影。这导致教师更关心学科，而不关心学生的个性特点。教育若以提高学生的思维能力，或端正学生对思维的态度为标准展开教学，则需要更严肃的预备训练，还需要教师对学生思维的运作有相应的洞察，灵活掌握相应学科的知

外在成果与
心理过程

识，以便在需要时选择和应用恰到好处的内容。值得注意的是，教育以外在成果为目标的话，学校管理自然倾向于考试、分数、评级、奖惩等。

依赖他人   2. 在行为方面，外在成果这一目标也有着巨大的影响力。要求学生的行为符合规则是很容易的一件事，因为规则是机械化的标准。和教学一样，它们都是教条式的存在，无论是课本教学还是校规，都对学生的品德教育造成影响；然而，一个人的言行或品行在生活中的影响是普遍且深刻的，因此怎样对待这些问题，就会影响到每个人的心态，哪怕有些人根本没有道德方面的考虑。事实上，每个人的心态，决定了他的外在品行。如果在处理问题时，思考、探究和反思的功能被减小到最低程度，就不能指望思维习惯会对不太重要的事情产生多大影响。另外，在处理重要且关键的行为问题时，养成的积极探究和慎重考虑的习惯，能很好地保证思维结构在总体上不跑偏。

第五章　思维训练的意义：
心理与逻辑

一、引言：逻辑的含义

前四章论述了思维是什么、进行专门的思维训练的重要性、有助于思维训练的自然倾向，以及思维训练在学校遇到的特殊障碍等内容。本章来探讨逻辑与心理训练的关系。

本章的主题

从广义上讲，只要是通过思维得出结论（无论结论是合理的还是荒谬的）的过程都属于逻辑范畴。换句话说，逻辑既包括合乎逻辑的逻辑，也包括不合逻辑的逻辑。从狭义上讲，逻辑仅指合乎逻辑的逻辑，即它推理的前提要么是不言自明的真实，要么是已被证明

逻辑的三重意义

的真实。在这里，证明的严密性等同于逻辑性。从这个意义上讲，只有数学和形式逻辑才称得上是合乎逻辑的逻辑。然而，逻辑还有第三层更为关键也更为实际的意义，即从肯定性和否定性两方面进行系统性关照，以便在给定条件下产生最佳结果。如果"人工"一词去掉"虚假"和"人为"的成分，只保留"通过自愿习得而掌握专业技能"的意义，那么逻辑就可以说是人工思维。

合乎逻辑的前提是细心、周密、准确

从一定意义上讲，逻辑一词几乎等同于深思熟虑、思虑周全、机警敏感，即最佳的思维。最佳思维就是从各个方面、各个角度仔细思考一个主题，以确保不会忽略关键的内容，这就像翻开一块石头查看它被隐藏的一面和它覆盖下的东西一样。周密意味着细心注意、专注于某个事物，也就是留心观察、努力钻研。说起思考，人们自然会想到权衡、慎重、斟酌等词语，这些词语意味着对事物之间进行一种微妙、严谨的衡量。与其密切相关的词语还包括审查、考察、考虑、检验，这些词语意味着近距离仔细审视。另外，思考意味着明确地将事物彼此关联起来，就像人们常说的"两两放在一起"。这与数学要求的准确不同，思考多了更多的估算、解释等表达方式。小心谨慎、周密精确、条理有序、讲究方法，这些都可以帮助人们将逻辑与偶然、学术区分开来。

毫无疑问，教育者关注的是重要的、切合实际的逻辑。也许需要一些论证来表明教育的直接目的是纯粹逻辑的培养，即培养谨慎、警觉和透彻的思维习惯。然而，人们普遍认为自己的心理状态与逻辑思维之间毫无关系，因此人们很难认识到这一目的。如果假设这两者本质上毫无关联，那么逻辑训练必然被视为某种外来的、附加的东西，因此必然会有人认为将教育目标定位为发展逻辑思维能力是荒谬的。

智力教育旨在养成逻辑习性

奇怪的是，两个相对立的教育理论派均认为个人心理与逻辑方法之间没有必然的内在联系。其中一派认为，自然发展是重中之重，是根本。该派的座右铭是崇尚自由、发扬个性、提倡游戏和兴趣，强调自然成长等。同时，该派将一切学科和学习视为方法论，将其看作唤醒个体天性的外在因素，不给予重视。

将天性与逻辑相对立

另一派则极为重视逻辑的价值，但认为个体的天性是厌恶逻辑，或至少对逻辑是漠不关心的。它依赖已经被定义和分类的课程内容，即无论如何也要将逻辑灌入一个天生"叛逆"的头脑中。该派的座右铭是强调纪律和约束，教导自觉的努力等。从这个角度看，研究本身体现了教育中的逻辑因素。人只有学会遵循外部主题内容才能变得富有逻辑。为了达到这一目的，学习应先被分解为逻辑要素，然后定义每一个逻辑要素，最后将所有逻辑要素按照逻辑公式或一般原则有序排列。学生需要逐一学习这些定义，并一步步地将它们联系起来，建立逻辑系统，从而给自己灌输逻辑品质。

忽视内在的逻辑资源

以地理为例 　　现在以地理学科为例演示这种教学方法。首先，给地理下定义，与其他学科区别开来。然后，从简单单位到更复杂的组合，逐一阐明构成科学发展的各种抽象术语，如极点、赤道、地带等；接着，逐一介绍更具体的元素，如大洲、岛屿、岬角、半岛、海洋、湖泊、海岸、海湾等。学生在掌握这些材料的过程中，不仅获得了重要的知识信息，而且通过适应现成的逻辑定义、概括和分类，逐渐养成逻辑习惯。

以绘画为例 　　这种方法已被应用于学校的各个学科，如阅读、写作、音乐、物理、语文、绘画。例如，绘画教学遵循一种理论，即所有图像表现都是由组合直线和曲线实现的。最简单的方法是让学生先掌握绘制不同直线（水平、垂直、不同角度的对角线）的方法，然后掌握绘制曲线的方法，最后，将直线和曲线以各种排列方式结合起来，构建图像。这似乎提供了理想的逻辑方法，从分析成分开始，然后按照规律逐步进行越来越复杂的合成，每个元素在使用时都被定义，并因此得到清晰理解。

形式方法 　　即使没有完全遵循这种方式，也很少有学校（尤其是中学和小学高年级）能够摆脱对形式的关注，认为如果学生达到了合乎逻辑的程度，那么一定是遵循了某种特定步骤或特定顺序。学校的每一个学科都是按照一定步骤排列的，为的就是引导学生理解每一学科，并分析自己该如何遵循这些步骤，这便是学习的某种程式化模式。虽然这种方法通常运用于语法和算术中，但历史学科也能用到。这时，这些学科被简化为"纲要""图表"和细分的方案。学生被要求死记硬背这些死板的知识，导致他们原本充满活力的逻辑思维慢慢地变迟钝了。教师对逻辑方法的误解，导致一些所谓的教学方法声名扫地，因为对一些学生来说，教学方法就像一套机械的、死板的设备，将他们的思维活动牢牢钉死在条条框框里。

这些所谓的符合"逻辑"的做法必然会引发不良反应。例如，学生的学习兴趣下降，注意力下降，做事拖拉，讨厌思考，喜欢死记硬背，甚至连自己在做什么，也从来不想去理解。可以看出，这种逐层定义、分级、排列有序的逻辑在实际应用中并没有设想的那么有效，甚至跟设想的完全相反。对逻辑的思考被认为是人为的和外来的，教师和学生都应该摒弃它，向能表现自己才能和兴趣的方向努力。每个人天生具有独属于他的天性和潜能，只有将其作为发展起点才是正确的。但上述反应明显不是这样的，因为它忽视和否认了最重要的一点，即人们已有的潜能和兴趣中本就存在着真正的智力因素。

从主题角度看，所谓逻辑实际上代表了经过训练的成年人的思维逻辑。能够分解一个主题，定义其要素，并根据一般原则将它们分到类别中，代表了经过训练后逻辑能力的最佳水平。如果一个人已经习惯于分类、定义、综合概括和系统回顾的思维技巧，就不再需要特别

训练有素的成年人的思维逻辑

的训练了。但如果认为一个人不经过逻辑训练就没有逻辑思维能力，那一定是荒谬的。教学中所说的逻辑代表着训练的其中一环，而不是起点。

未成年人也有自己的思维逻辑

　　事实上，思维在每个发展阶段都有它的逻辑。有人认为天生的思维能力是不具有逻辑性的，这是毫无道理的。因为他没有看到好奇心、推理、实验和测试在学生生活中已经扮演了极为重要的角色，忽略了智力因素在个体自发的思维活动中是唯一具有真正教育意义的因素，也低估了它的作用。任何能认识到儿童自然运作的思维方式的教师都不会将逻辑与现成的主题组织等同起来，也不会认为改正这一错误的唯一方法是忽视逻辑思考。教师很容易看到，智力教育的真正问题在于将自然的思维能力转化为经过考验的专业能力：将或多或少的偶然好奇和零星的建议转化为警觉、谨慎和一探到底的态度。教师会发现，心理学和逻辑学并非对立甚至相互独立，而是在一个连续成长的过程中，分别作为早期阶段和后期阶段相互关联的。自然活动或心理活动，即使没有自觉地受到逻辑考量的影响，也仍具有其自身的智力功能和完整性。当掌握了思维的技巧后，它就成了一种后天养成的习惯或第二天性。前者已经具有了逻辑精神，后者依然存在一种根深蒂固的态度，这一点就像人们靠一时冲动行事是一样的。

二、纪律与自由

思维的纪律，实际上是一种结果，而不是一种原因。任何一个人，只要他的思维独立，且受理智所控，那么他的思维就是有纪律的。纪律代表了原始的天生才能可以通过锻炼转化为有效的力量。只要思维有了纪律，就意味着这个人可以独立自主地管理自己，不需要外部的指导。教育的目的恰恰就是培养出这种有纪律的思维。纪律就是这样一种积极的、有建设性的存在。

然而，纪律常常不被人喜爱（人们往往将其视为一个痛苦的、不愉快的过程），因为它意味着被迫将思维从自己喜欢的地方转移到自己不喜欢的地方，这个过程最初的确是令人痛苦的，但最终目的是为未来做准备。这时，纪律通常被视为一种机械性的训练，就像打铁，通过不断击打，锻造出一块精钢，或将能力参差不齐的新兵训练成行动一致、团结守纪的作战队伍。这种训练，无论是否可以称为纪律，都不是智力方面的训练。因为它的目的不是培养思考习惯，而是统一的、外在的行为方式。一些教师由于没有深入思考纪律的含义，误以为自己是在开发学生的智力，实际上他们所用方法是在压制学生的思维活动，结果便是抑制了学生的灵活性，使他们屈服于铁纪。

将纪律视为
独立力量或
自由

当纪律被理解为有效思维的习惯性力量时，纪律就被认为是真正意义上的自由了。因为思维的自由不仅意味着行为不受限制，还意味着心智能够摆脱他人的牵引。思维的自发性或自然性多少有点随意释放冲动的意味，于是教育者为了让学生一直保持自发性，会采取各种办法进行刺激，包括提供各种有趣的材料、设备、工具和活动方式。然而，这种方法其实并不利于实现真正的自由。

思维所需要
的障碍

1. 直接、即时地释放冲动对思考来说是必不可少的，因为只有当冲动受到一定程度的阻碍并被反射回来时，才会产生思考。确实，若是认为必须借助外部强加的难题才能激发思考，无疑是大错特错了。在生命中，但凡有些难度的行为或活动，在实现的过程中或多或少地会遇到一些麻烦或障碍，这就使为了激发思考而刻意制造困难显得多余了。不过，凡是实际出现的困难，都应得到教育者的重视，因为它们确实能够激发思维力。单单实现外在活动的自由并不是真正的自由，只有通过个人反思克服困难、保持思路畅通的自由才是真正的自由。

智力因素是
自然的

2. 只一味强调心理和自然方法，就意识不到在每个人的成长阶段中，好奇心、推论和检验的愿望都是自然倾向的重要组成部分。在自然的成长过程中，在具有连续性的活动中，上一阶段都在为下一个阶段的显现做准备，就像植物的生长一样。不能因为之前已经展示过各种各样的感官和肢体活动，或者在脱离思考的情况下就可以进行观察、记忆、想象、手工等活动，就把思考看作一种特殊的、孤立的天性。思考是持续发生的，不过只有当人们可以借助思考运行感官和肌肉，从而指引观察和动作时，才有可能进入更高级别的思考。

目前，一种流行观念认为，童年阶段几乎不存在思维，只有感官、肌肉运动和记忆发展，直到青春期，才突然开始思考和具备理性思维。

思维与其他智力活动是同时出现的

然而，青春期并不是魔法的代名词。青春期带来的不只是理性思维，还有更开阔的视野，对各种问题的敏感关注，对自然和社会生活的更宏观的认知。这样一来，青少年当然会发展出比童年时期更为全面和抽象的思维习惯。不过，即便有所发展，思维的本质也不会改变，它追随的仍然是生活中的所见所闻所感，而后得到结论，检测结论。其实，早在婴儿不厌其烦地将球抛出去再找回的时候，思维就已经存在了。所以说，童年时期已经有了思维活动，但到了青春期，充分利用童年时期经验中已经活跃的思维因素，才有望发展出更高级别的思维能力。

总之，无论怎样，思维习惯都会逐渐养成：不是养成仔细审视事物的习惯，就是养成粗心大意、急躁、看事情流于表面的习惯；不是养成连续跟进、刨根问底的习惯，就是养成凭空臆测、蜻蜓点水的习惯；不是养成遇事谨慎、不轻易下结论的习惯，就是养成轻信他人、

提防不良习惯

容易受一时心情影响而上当受骗的习惯。要想养成小心谨慎、思虑周全的习惯，关键的途径就是从一开始就锻炼这些特质，培养这样的习惯。

真正的自由
不在一时半
刻的外在享
受

简言之，真正的自由是智力上的自由，它植根于训练有素的思维能力，它不是靠感觉行事，而靠事实和依据，如果没有事实和依据，也知道如何寻找到事实和依据。如果一个人做事之前不深思熟虑，那么做事就容易轻率、冲动、反复无常。如果一个人一味地无拘无束、不加思考，只会受个人欲望、感官和外在环境所害。

第二部分　逻辑考量

第六章
完整思维过程的分析

第一部分讨论了反思性思维的本质，思维训练的必要性，思维训练中的自然资源、困难和目标，以及学校条件与思维训练及其意义。讨论的目的在于向学生阐明思维训练的一般问题。现在，第二部分将对思维的本质和正常发展进行更全面的阐述，并考虑与教育相关的特殊问题。

探讨本书第二部分的目的

本章将把思维过程划分为基本组成部分，分析一些简单、真实的反思经验。①

（1）前几天，当我在第 16 街区时，一座时钟引起了我的注意。我看到指针指向 12 点 20 分。这让我想起我在 1 点钟有个约会，地点在第 124 街区。于是我进行了一番推理：我花了 1 个小时乘坐电车来到这里，如果原路返回，可能会迟到 20 分钟，乘坐地铁则会节省 20

思维过程中的真实案例

① 以下三个案例是从学生的课堂论文中摘录的，有改动。

分钟。但问题是，附近有地铁站吗？如果没有，我岂不是要花费更多时间去寻找地铁口？这时，我想到了高架铁路，其中有一条线路离这里只有两个街区。但车站在哪里呢？如果它离我有几个街区远，那将浪费我更多时间。所以，我的思绪很快回到地铁上，显然它是最优选择。另外，我要赶去的第 124 街区附近就有地铁口，所以我选择了地铁，最终在 1 点钟抵达目的地。

根据观察进行思维的案例

（2）我每天乘坐的渡轮的上层甲板上，有一根长长的白色杆子，末端挂着一个镀金的圆球。最初见到它，我联想到了旗杆，无论是颜色还是形状，两者都很像，所以我认定它就是一根旗杆。但很快问题就来了。首先，这根杆是水平的，我想没有什么旗杆如此不寻常；其次，这根杆上没有用来挂旗帜的滑轮、套环或绳索；最后，其他地方有两根垂直的旗杆，而且有旗帜。所以，结论是这根杆不是用来升旗的。

于是我接着联想其他可能：①它可能是个装饰品。但所有的渡轮上都有类似的杆子，甚至拖船上也有，所以很快否决了这个假设。②它可能是无线电报设备，但它也不像天线杆该有的样子，所以同样排除这一假设。而且，一般电线为了更好地接收信号，都是选择安装在船的制高点的。③最后一种可能，它是为了指示船的航行方向。

有了这条假设，我便顺着思路往下想，然后发现这根杆比驾驶室要低，所以舵手可以很轻松地看到它。而且，它的顶端比底部要高得多，从驾驶员的位置看，它能延伸到船前方很远的地方。此外，由于驾驶员位于船的前部，他是需要类似的指示标来确定船身方向的。同理，拖船也需要这样的杆子来指示方向。想到这里，我认为这个假设比其他假设更合理，所以我便接受了它。我得出结论，这根杆是为了向舵手显示船头的指向，以帮助他正确操舵。

（3）用热肥皂水清洗玻璃杯后，将它们口朝下放在盘子上，玻璃杯口以外会出现气泡，随机滑入杯内。为什么呢？有气泡表明有空气，那么这些气泡一定来自杯子内部。我发现放在盘子上的肥皂水阻止了空气的溢出，所以只能钻进气泡中。但为什么空气一定要离开杯子呢？里面没有其他物质强迫它离开。啊，空气一定是膨胀了！要么因为热胀或气压差，要么两者兼有，导致空气膨胀。如果原因在于空气变热了，那么杯子在脱离肥皂水时，一定是进入冷空气了。我对这个假设进行了测试，取出几个玻璃杯，摇晃其中几个，以确保锁住冷空气；再倒放几个，从一开始就保持口朝下，以防止冷空气进入。结果，前几个都在外面出现了气泡，后几个则都没有。我的推断一定是正确的。外面的冷空气进入玻璃杯后膨胀了，所以杯口外自然就冒出泡了。

那气泡为什么会进入杯子里呢？先热胀后冷缩。玻璃杯和里面的空气都变冷了，杯内的张力消失了，所以里面出现了气泡。为了确定这一点，我在正冒着气泡的杯子上放了一杯冰，很快情形反转了，气泡在杯子里面冒起来了。

三个案例指向一个事实

我是有意选择以上三个案例的，目的是形成一个由简到繁的思维系列。第一个案例展示的是大家在日常工作中常进行的思考，其中既没有数据，也没有处理数据的方式，很简单明了。最后一个案例的情况比较复杂，需要具备一点儿科学基础，否则根本不会注意到这些问题，更不会想到答案。第二个案例则介于第一个案例和第三个案例之间，虽然问题属于日常生活、非专业化经验的范围，但这个问题并不是直接涉及日常生活的，而是需要进行间接联想的。后面的章节将探讨抽象思维是如何从相对实际和直接的思维中演化而来的。这里只关注所有类型共同存在的元素。

经过分析，三个案例都或多或少地揭示了逻辑的明确步骤：①提出问题；②对问题进行定位和定义；③提出可能的解决方案；④通过推理进行联想；⑤通过做实验检验自己的结论，得出肯定的或否定的结论。

发起疑问

（1）第一步和第二步常常融为一体。其实在清晰地感觉到问题时，人们已经开始寻找答案了，不过可能先出现的是一种模糊的不安或震惊，后来才明确地寻找到问题所在。无论这两个步骤是分开的还是融合在一起的，我们之前所强调的思维的起因是不变的，即感受到问题或困难。在上述的第一个案例中，困难与预期的结果是有一定距离的，且是冲突的。比如，想要在特定时间赴约，但所处地点与时间不符。思考的目的就是协调两者的矛盾。给定的条件本身无法改变，时间也不会倒流，第 16 街区和第 124 街区之间的距离也不会自行缩短。问题在于发现一些中间条件，使它们彼此协调。

在上述的第二个案例中，困难往往是临时想到的与某些其他事实之间的相悖（以为杆子是旗杆）。假设用字母 a、b、c 表示旗杆的特性，用 p、q、r 表示与旗杆相悖的特质。当然，这些特质本身并没有矛盾之处，但出现在引导思维的同一事物上，它们就相互冲突了，并因此产生问题。在这里，需要通过思维将 a、b、c 和 p、q、r 统一于同一事物上，正如在第一个案例中，目标是发现一种行动方式，将现有条件和未来的结果相协调。解决方法也是一样的：发现中间特质（如船舵室的位置、旗杆的位置、需要有船舶方向的指标），用这些中间特质将原本不兼容的特质结合在一起。

难点在于识别事物的性质

在第三个案例中，一个熟悉自然法则和规律的观察者突然发现气泡出现和移动的路径有些异常。要解决的问题是将这些异常现象归为已被确认的法则。这时，解决问题的方法也是寻找中间项，将气泡看似不寻常的运动与已知的条件协调起来。

困难在于解释未曾料想到的情况

（2）正如前面指出的，前两个步骤，即提出问题和对问题进行定位和定义很可能同时发生。但当问题十分难解时，人们最初可能会呈现出一种模糊不清的不安或震惊，情绪受到波动，不明白是怎么一回事。这时，需

弄清困难的性质

要进行一番刻意观察，精确地找出问题所在，或者找出问题的具体性质。第二步的意义很不一般，做与不做，决定了思维是严谨的推理还是无序的思索。如果不花心思找到问题的根源，那么所谓的为解决问题进行的推理也或多或少带有随意的成分。想象一下，医生给病人治病。病人告诉医生他身体不适，即便经验丰富的医生，也要询问病人情况并让其做相应检查。如果医生过早地下结论，而不是客观地做检查，那么他接下来的思维就会被大大影响，甚至影响他的职业操守。作为一个技艺娴熟的医护从业者，他每天接受的最大考验，就是防止自己被刻板印象左右。就算他已经得出十分明确的结论，也要经过一番周密的检查，直到弄清问题的本质再下结论。这个过程就叫确诊。即便是再优秀的医生，只要遇到新的病人和病情，都需要进行相应的检查，以防止匆忙下结论。批判性思维的本质是不急于做出判断，而是通过探究问题的本质确定问题，然后尝试解决它。这便是将简单的猜测转变为经过验证的合理推断，将联想到的结论转变为确凿无疑的结论。

联想到的可能的状况

（3）发现的问题唤起了超越感官范围的东西：从眼前的位置联想到地铁、高架铁路；从眼前的木棍联想到旗杆、装饰品、无线电报设备；从气泡联想到热胀冷缩。①联想是推理的核心，指从现有的东西想到其他相关的东西。因此，它多少带有推测性质，是思维的一场冒险。即便再严谨的推理，也难以保证它的准确性。控制联想的因素总是间接的存在，一方面，它涉及形成既有进取心又谨慎的思维习惯；另一方面，它涉及选择和安排能产生联想的特定事实。②联想的结论只要还停留在初步推测阶段，还不被接受，那就只是一个想法。与这一概念同义的词有假设、猜测、猜想、假说。在进一步证据出现之前，是否可以暂作推论，这取决于是否有多种推测加以对比，从而找出最佳的行动方案。因此，用心推测出不同的联想是良好思维的重要因素。

（4）在解决问题时，进一步思索每一种想法的意义，就是推理的过程。从某个事实联想到某个结论时，应当对这个结论加以推理。在第一个案例中，在想到高架铁路后，接着又联想到是否容易找到车站、车站距离的远近、需要花费的时间，下车后的车站距目的地多远。在第二个案例中，先想到装饰品，但又想到任何船都有这样的杆子。后发现旗杆的垂直属性，接着想到无线电报设备，但又联想到无线电报设备是安装在船的最高处的，直到最后想到船移动的方向，才最终联想到指示航向是唯一合理的解释。

推理过程

遇到问题要深入、广泛地思考，联想到答案后要进行一番推理，以避免草率下结论。一开始看似合理的猜测，在推理时常常因不合理甚至是荒谬的而被排除掉。例如，船上那个杆到底是不是指示杆，只有想清楚这个问题，才能得到合适的答案。一开始看似不相干甚至有些疯狂的联想，经过详细琢磨后，往往会被证明是合适的。推理就是一个将最初不相干的两个极端联系起来的中间环节，经过推理，它们有可能成为一个整体。

推理过程

（5）最具决定性的一步是对假设进行验证。但要知道，在这步之前，结论还只是一种假设。经推理之后，发现这一假设的所有条件都得到满足，且没有与之相悖的可能，那么就可以相信这一结论。有时，只需要直接观察或推理就可以完成证实，像第一个和第二个案例。在其他情况下，像第三个案例，则需要进行实验。也就是说，如果实验结果与理论推导的结果一致，且只有相应的条件才能产生这样的结果，那么就可以确认结论，至少在相反条件出现前可以明确下结论。

两头观察，中间思索

整个推理过程的开始和结束都离不开观察：开始时，要通过观察明确要处理的问题的性质；结束时，要观察某些假设所得结论的价值。在这两头的观察之间，人们能轻松发现整个思维循环过程中更具思维性质的方面：①通过联想或推理，提出解决方案；②通过推理，明白联想的含义和影响。推理有时需要一些实验来证明，而实验只能在初步推理得出的某些联想上进行，这样才能迅速有效地达到理想效果。

完成以上步骤才算完整的思维训练

思维训练的目的是训练出逻辑清晰的头脑，他们能够判断特定情况下需要推理几步。这里不应该被规则限制。每个案例都有其重要性和发生背景，过分苛求和考虑不周都容易犯错误。有时候，人们需要长时间地斟酌，甚至观察或考虑一生，才能做出最终决定；有时候，人们需要迅速做出决定，甚至是一瞬间。逻辑清晰的头脑可以准确根据具体的情况确定怎样进行观察，怎样捋清思路，怎样进行推理，怎样进行验证，并能依据过去的试错制订出合理的解决方案。

第七章
系统推理：归纳与演绎

一、思维的双向运动——思考和反思

在事实和意义之间反复思索

通过前文分析，我们可知思考的结果就是一环一环地将原本孤立的、零碎的，甚至相互矛盾的事实，通过逻辑学中的中间项组织起来。这些事实就是思维的原始材料，它们本来缺乏连贯性，让人感到困惑，由此激发了思维的需求。提出问题后，就会展开某种联想，如果联想能得到证实，那么本来孤立的、零碎的数据就能回到自己应有的位置，从而形成一个闭合的整体。联想到的东西就像为思维提供了一个平台，一个可以由此出发的平台，从而仔细地观察和定义数据，寻求更多的思路，并通过实验改变原本的事实。

一切反思中都存在着双向运动：从给定的部分且混 **归纳和演绎**
乱的数据联想到一个全面的（或包容性的）整体情况，
然后再从联想到的整体情况（也许是一个意义和一个观
念）回到具体事实，以便将这些事实连接起来，与联想
引发的额外事实连接起来。简单来说，第一种运动是归
纳，第二种运动是演绎。一个完整的思维必须通过这两
种运动完成。也就是说，它涉及观察到的（或回忆起的）
具体的思虑和广泛的普遍思虑上的富有成果的互动。

然而，并不是说这两种运动就一定是严谨的、周全 **匆忙与审慎**
的，它也可能是随意的、不足的。思考意味着将孤立的
事实或行为联系在一起。不过，很多时候，人们会懒得
多动脑筋，只是匆匆地从这一个思虑跳到下一个思虑；
或者，人们只是把关注点放在如何建立连接的过程上。
简言之，人们总是很容易接受看似合理的联想，也可能
寻找出额外的因素，找到新的困难，看看推理出的结论
是不是最终的结论。后一种方法涉及明确形成连接的环
节，或者用逻辑术语来说，使用一个普遍能接受的命
题。如果人们这样阐明整个情况，最初的数据就会转化
为推理的前提条件，最终的信念则是符合逻辑的理性结
论，而不仅仅是事实的完结。

将孤立的事实联结成一个连贯的整体究竟有多重 **前提与结论**
要，体现在所有表示前提和结论的关系中：①前提也称 **之间的连续性**
基础、根基，被认为是支持、支撑结论的存在。②人们

"从"前提"下降"到结论，而在相反方向"上升"到前提，就像一条河流可以源源不断地从源头流向大海，也可以从大海逆着追根溯源。因此，结论总是源于流自或从其前提中得出的。③结论本身就暗示着不同含义，它将前提中陈述的各种因素紧密地结合在一起。前提必然"隐含"着结论，结论也"隐含"着前提，这标志着人们对推理要素的统一理解，与包容性和全面性紧密结合。简单说，系统的推理就意味着承认先前那些看似毫无关联的思虑之间的确存在相互依存的关系。

科学的归纳和演绎

然而，系统化的思维在双向运动中与较为粗糙的形式一样，也包含朝向联想或假设的运动以及回到事实的运动两个方向，不同之处在于系统化思维在每个阶段都更加谨慎地执行。联想涌现和发展的条件并不是先前就有的，而是受到一定限制的。对那种看似能解决困难的想法，不应草率接受，而应限定一定条件再接受，且应该进一步调查，完成检验。这个想法可以引导调查和揭示事实，可以被看作一个工作假设。当思维运动的每个方面都尽可能做到准确无误时，朝向构建想法的运动就被称为归纳性发现，而朝向开发、应用和检验的运动则被称为演绎性证明。

特称命题和全称命题

归纳是从零碎的细节（或特定命题）朝向对情况的连贯看法（普遍命题），而演绎是从普遍命题开始，再次回到特定命题，并将它们联结起来。归纳运动是朝向发现一种能起到联结作用的基本信念；演绎运动是对这些信念进行检验，看这些证明结论的依据是否可靠，能不能对那些分隔的细节有一个统一的解释，从而在此基础上将它予以肯定或修正或否定。只要我们在进行这些过程时，能做到彼此参照，就能获得有效的发现或可验的批判性思维。

现在我们列举一个常见的案例来验证这一观点。一个人在出门时房间整洁有序，回来后却发现房间一片混乱，物品散落一地。他下意识地想到小偷来过了，但他并没有看到小偷。显然，这并不是一个可见的事实，而是一个想法。此外，这个人脑海中并没有浮现某个特定的小偷，浮现的只是被盗了这一普遍意义上的概念。房间的状态是具体的、明确的被感知到的一种状态，这是一个事实；小偷是被推断出来的，是一个可能的解释，并且可用来解释那个事实。

日常生活中的事例

到这里，可以明显看出思维具有一种可归纳性，即可由眼前特定的事实推理出其他。归纳性思维还可能让这个人想到是因为孩子调皮而把房间搞乱的。这是另一种假设（或者说条件性的解释原则），且阻止他武断地接受第一个想法。所以，判断被搁置，结论被推迟。

归纳

接下来，就是演绎的过程了。在联想的基础上，需要进一步观察、回忆、推理：如果是小偷干的，肯定还会有其他迹象，如丢失贵重物品。这时，他的思维就已经从普遍关系转移到具体特征了，只不过不是回到起初的特定命题，而是转向新的细节，究竟能不能发现新的

演绎

细节将直接验证他的想法。于是，他马上查看存放贵重物品的盒子，发现的确少了一些东西，但并不是全部丢失。是他自己拿走了却忘记了？他不确定。他又马上查看柜子里的银器，因为孩子不可能玩那些东西，他也不会随便移动银器。结果，所有的银器都不见了。他转头去查看门窗，都有被撬过的痕迹。家里被偷了——他终于确定了自己的推理。最初的信念被确立下来，之前孤立的事实也编织成了一个连贯的结构。对最初的想法进行推理，演绎出进一步的特定命题，若最初的想法是正确的，特定命题就成立。然后，新的观察行为显示那些特定命题确实成立，因此最初的想法得到了验证。思维就是在观察到的事实和联想之间反复运动，直到与新的相冲突的细节构成连贯、完整的闭环，如果不是的话，就证明思路错了。

这与科学阐述和证明无异，只不过科学需要更谨慎、更精确、更透彻一些，结果就是出现了专业化分工，精准地划分各种问题，并将与各种问题相关的经验材料进行分类。

二、归纳性思维运动的指导

引导联想，是间接发生的，是不完美的。所有对新事物的思考，其发现、理解都是从已知、现有的走向未知的、不可直接观察到的，因此永远没办法保证推理的绝对正确性。在相同的特定情境下，人们会产生怎样的想法，往往取决于天生素质、气质、兴趣、阅历和最近持续占据他注意力的事物，甚至取决于当前环境的偶然结合。这些事项，只要存在于过去或外部条件，显然就是无法调控的。联想要么发生，要么不发生；要么这个发生，要么那个发生。然而，如果先前的经验和训练已经培养出了不轻信又不失耐心的态度、不轻易做判断的谨慎谨慎，以及探究到底的毅力，那么联想就可以受间接的控制。个体可以返回去重新陈述、分析产生联想的事实。归纳方法，在技术层面上讲，与调节观察、记忆和对他人证词的接受（提供原始数据的操作）有关。

引导是
间接的

假设有 A、B、C、D 四个事实，还有某些个人习惯，然后自然而然地发生联想。但如果仔细研究这些事实，将 A、B、C、D 分解为 A′、B″、R、S，那么联想必然发生变化，至少与一开始的联想有所不同。要想查清事实，准确、详细地描述它们的特征，人为地放大那些模糊的特征，减少那些显眼的分散注意力的特征，是

间接调控的
方法

可以修饰能启发联想力的事实的方法，进而才能间接引出推理。

以医生诊断为例　　以医生做诊断为例可以解释归纳的过程。训练有素的医生绝不会匆忙做出诊断，而会将脑中的结论暂时搁置，以免被表面现象误导做出仓促的判断。即使患者出现十分明显的伤寒症状，他也会避免武断做出结论，直到他掌握了大量数据，进行了详细观察与分析。他会询问患者的感受，以及发病前的行为，还会通过各种方法揭示患者自己都不清楚的事实。他还要精准地记录下病人的体温、心率和心脏活动状态等。总之，归纳就这样被推迟了，直到他用尽一切办法掌握所有能获得的数据事实。

科学的归纳　　在此基础上，可以得出这样一个结论：科学的归纳是观察和积累数据的所有过程，旨在促进解释性概念和理论的形式。这些方法旨在选择出那些对形成联想具有重要意义的准确事实上。具体而言，这种选择性涉及三方面：①通过分析排除可能具有误导性和不相关的事实；②通过收集和比较案例强调重要性；③通过实验变化构建数据。

排除法　　人们必须学会区分观察到的事实和基于这些事实做出的判断。从字面上理解，这句话根本无法实现。每一个被观察到的事物本身都存在一定意义，如果排除这一意义，剩下的就是空洞的事实。假如 A 说："我看到了我的兄弟。"然而，"兄弟"这个词涉及一种无法被感官或物理观察到的关系，而是由推理得来的。如果 A 仅仅说"我看到了一个人"，虽然这句话同样包含推理性成分，但推理的成分就少很多。如果 A 说"无论如何，我看到了一个有颜色的物体"，那么其中所包含的推理成分就更少了，但推理仍然存在，因为仍然有很多无法排除的东西。从理论上讲，可能根本不存在"有颜色的物体"，也许只是 A 的一种视觉错误。不过，这也说明将直接观察到的事实与基于事实做出的判断区分开来，仍然十分重要。它的实际意义在于，一个人应该排除那些经验表明最容易出错的推断。当然，这个问题是相对的。在一般情况下，如果"我看到了我的兄弟"是基于事实观察到的，那么这种说法不会有人怀疑，如果生搬硬套到推理方法中就显得过于刻板了。在某些情况下，如果 A 说"我看见了一个有颜色的物体"很可能会出现一个完全真实的问题，即 A 是否看到了一个有颜色的东西，还是他的错觉。通常来说，有科学思维的人知道容易犯匆匆下结论的错误，因此常常警醒自己，防止被习惯和先入为主的错误左右。

所以，我们应当避免匆忙下结论，最起码在做到完如何下结论全客观、摒除先入为主的观念前不要轻易下结论。一般来说，脸颊泛红意味着体温升高，面色苍白意味着体温降低。但医生还是会用专业的体温计记录下实际体温，以防由习惯导致的错误联想。所有观察工具，都是为了消除习惯、偏见、兴奋和期待，以及当前主流思想造成的错误判断。此外，照相机、留声机、心震仪等设备的记录是永久可查的，因此它们可以被不同的人使用，也可以被同一个人在不同情况下使用。这样一来，个人偏见就可以被大幅消除。也就是说，事实是由客观确定的，不是由主观确定的。通过这种方式，能很好地控制过早下结论的习惯。

多番查找案例

除此之外，还有一个重要的控制方法，就是多番调查同类案例或实例。这就好比要检查一车谷物的好坏，只抓一把检验就不如从不同位置多取几把进行检验更为客观。经检验，如果每一把的质量都好坏不一，那么就需要更多地增加样本，取一个平均值。这个方法的核心是多番观察，不能只基于一个或几个案例下结论。

在归纳中，这一点十分重要，以至于它经常被视为归纳的全部内容。有人认为所有归纳推理都是基于收集和比较相似的案例。但实际上，这种做法只适用单一事件为了确保结论正确而采取的次要做法。一个人根据一把谷物样本判断整车小麦的品质，这是归纳，而且在特定情况下是一种合理的归纳；多抽取几把谷物进行判断，只是为了让归纳变得更可信。同样，前文提到的入室盗窃的推理也是归纳，构成入室盗窃这一结论的具体细节，只是一个案例中各种不相类似的、不同特质的总和。如果这个案例模糊难辨，那么可能会转而检查多个类似案例。但这种比较不会使原本不属于归纳的过程变成归纳，只会使归纳更加充分。查找和比较大量案例的目的在于促进选择基于某个单一案例进行推理的证据或重要特征。

因此，在考察案例的过程中，案例的不同之处与相似之处同样重要。如果没有对比，就是不合乎逻辑的。在其他观察或经历的案例中，如果只是重复考虑各种案例之间的相似之处，那么这跟只靠单一事件下结论一样。在抽取谷物样本的案例中，重要的是这些样本取自车厢的不同位置。如果没有这一前提，那么对这一车谷物的评估就毫无意义。如果让一个孩子判断种子的发芽情况，并给他许多种子进行参考，如果这些种子都种在相同的环境中，那么他几乎不会有什么收获。但是，如果将一部分种子种在沙地中，另一部分种在土壤中，还有一部分种在吸墨纸上，并设定两种不同条件，即一种有水分，一种没有水分。有了不同的因素，才有助于凸显出对结论至关重要的因素。总之，观察者必须注意到不同案例之间存在的明显差异，并仔细观察不同之处与相似之处，否则他就无法确定对他的结论有力的证据是什么。

> 不同之处和相似处都很重要

还有一种凸显不同之处的重要方法，就是对负面案例的重视，即对那些应该符合事实但实际上相反的案例。反常的、例外的、大部分相符但在关键点上不符的事实十分重要。越是与自己习惯相悖的案例越容易被忽视，为此，人们养成了寻找相反实例的习惯，而且将注意到或想到的例外情况写下，以免很快忘记。

> 例外和相反的情况也同样重要

三、条件的实验变异

　　从理论上讲，一个合适的案例就是一个很好的推断基础，如果案例不合适，即便有一千个也不行。但合适的案例不会自发出现，需要去寻找它，甚至创造它。如果只是原封不动地取案例，无论是一个还是多个，所看到的只是那些与当前问题毫无关联的内容，而相关的内容则是模糊不清或隐蔽起来的。实验的目的是根据事先制订的计划，通过一系列有规律的步骤，构建一个典型的、关键性的案例，一个能阐明所研究问题的案例。只有不断地调控观察和记忆的条件，才能找到最好的归纳方法，而实验就是调控的关键。每个因素及其作用方式都能被认识到的这种观察就构成了实验。

　　这种观察在许多方面明显优于只是等待事件发生或物体出现的观察。实验可以克服通常经历的事实的罕见性、微妙和微小性（或剧烈性）及固执性等缺陷。杰文斯的《逻辑初级课程》一书对此有所阐述：

　　"我们可能不得不等待很多年甚至几个世纪，才能偶然发现一些我们在实验室中轻易获取的事实；目前已知的大多数化学物质，以及许多极其有用的产品，如果等待它们自发地呈现在我们眼前的话，那很可能永远不会被发现。

"电无疑在每一个物质微粒中发挥作用，也许每时每刻都在，甚至古人也不得不注意到它在磁石、闪电、极光中的作用。但在闪电中，电的强度过于强烈且危险，而在其他情况下，它又太微弱以至于无法被正确理解。电学和磁学，只能靠从电机或电池中获得稳定的电力，并制造出强大的电磁体后，才能取得科学进展。电的作用，绝大多数都在自然界中发生，只是因为过于模糊隐蔽而无法被很好地观察。

"二氧化碳通常以气态形式出现，从碳的燃烧中产生，但当它暴露于高压和低温下时，就会凝结成液体，甚至转化为雪一样的固体。许多气体也可以被液化或固化，所以有理由相信，只要压力和温度允许，每种物质都有能力以固体、液体和气体的三种形式存在。要知道，我们原本认为几乎所有物质都固定在一种状态中，不能从固体转变为液体，从液体转变为气体。"

调查人员在各个学科领域开发出的用以分析和重新阐释日常经验事实的各种方法需要详细描述出来，以便让人们从老生常谈的联想摆脱出来，将事实以确切且深远的理解呈现出来，而不是局限于模糊的猜测。然而，以上所有归纳研究中的各种方法都有一个共同目标：间接调控联想的功能或思想的形成。总体而言，它们还可以归结为前述三种选择和安排主题材料的某种组合。

四、推理演绎运动的引导

推理演绎对引导归纳的价值

　　归纳的系统化调控取决于掌握一套可以应用演绎来审查或构建特定案例的一般原则。如果一个医生一点儿不了解人体生理学，那么他就没有办法判断患者究竟哪里出现了异常。如果他了解血液循环、消化系统和呼吸系统，他就可以依据正常情况判断病人的病情。这样一来，与此无关的问题特质就被确定并排除出来，也就不会在无关的问题上浪费精力，自然而然地，注意力就会集中在那些异常的特征上，所以问题本身很可能隐藏着解决方案，而不明问题所在，则如盲人摸象。为了明确、有效地提出问题，就需要运用演绎法。

从推理到完备

　　然而，如果通过演绎推断假设的起源和发展，并不仅仅是停留在界定问题上。当一个想法刚呈现出来时，通常是不成熟、不完善的。演绎就是将这种不成熟、不完善的概念详细阐述成完善的含义。医生可以通过病人呈现的特殊症状判断病人患了伤寒。就伤寒而言，还可以将其概念继续延展开来。如果确实是伤寒，病人一定会呈现出特定的症状。医生在思考病人病症时，会通过询问、观察、检查来验证这一点，看种种迹象是否与伤寒的特性吻合，然后就可以将推理得出的结果与观察结果进行比较。这个过程要有一套可用的理论体系，否则对假设命题的检验就是不负责任的、不完整的。

以上这些考虑都是能引导演绎法的方法。演绎需要　*系统的知识*
一套相关的思想体系，其中的思想可以通过规律的或逐
步的步骤相互转化。现在的问题是，摆在医生眼前的事
实，是否能确定这位患者得了伤寒。要想下结论，这些
事实离伤寒的病症确实还有些距离。但如果通过某种替
代方法，借助一系列的中间项就可以很容易地缩小甚至
消除差距。若以 p 代表伤寒，而 p 又意味着 o，o 又意
味着 n，n 又意味着 m，则 m 与解决这一疑问的关键数
据非常相似。

科学有一个重要的目的，就是为每一个典型的学　*定义与分类*
科提供一套紧密相连的含义和原则，以便任何一个含义
可以延伸到另一个含义，并在另一些条件下又延伸到下
一个含义，依此类推。通过这种方式，可以进行等值替
代，从而在不依赖具体观察的前提下推理出联想的任何
遥不可及的后果。定义、一般公式和分类是用来固定和
细化含义及其详细分支的工具。它们并不是目的本身，
而是工具、是手段，可以将一个概念发展为一种合理的
形式，然后检验给定的事实是否适用。

演绎的最终检验在于实验观察。推理越详细，越　*最后的检验*
能将联想衬托得丰富且有说服力，但这并不代表就可以
下结论，判断它的正确性。只有确凿无误地观察到相关
事实时，且事实的细节无一例外地与推理出的结果相符
时，才可以将推理的结果定为有效结论。总之，思维始

于观察且终于观察，这里的观察指极为精细的观察。所有演绎过程最终的价值取决于它们在创造和发展新经验的过程中是否成为有效的工具和手段。

五、这一讨论的某些教育意义

教育界存在的错误逻辑理论

前文的论述可以印证教育界存在一种错误的逻辑理论，即思维的每个部分是独立的。

1. 对于一些学科或者课程，学生沉迷于追求细节，他们的思维充斥着互不相关的东西（无论这些东西是通过观察和记忆获得的，还是从权威那里被动接受的）。基于此，归纳从开始到结束都由事实堆积而成，且这种事实是相对孤立、彼此不相干的。人们往往忽视了一个重要事实，即只有当情境足够丰富，丰富到能包容和说明事实时，才能激发教育意义。在初等教育的课程和高等教育的实验教学中，学生容易陷入"只见树木，不见森林"的误区。因为教师更注重传授事物及其具体特性，而忽略了它们背后隐藏的一般特性。就算在实验教学中，学生也更集中在操作过程，而不考虑为何要执行这些操作，也不去想这些操作提供的解决方法是否针对的是典型问题。只有演绎才能揭示出连续关系，只有学生牢牢记住这种关系，学习才不再是一堆杂乱的碎片。

2. 有的教育只是让学生对整体事实有一个模糊的概念，而不是让他们意识到整体事实中还包含着很多零碎的事实，以及这些零碎的事实是如何联结成整体的。这导致学生只是对诸如历史或地理课有一个"总体"的感觉，但这里的"总体"还是模糊的，即学生并不清楚那些零碎的事实究竟是以怎样的方式联结在一起的。

也就是说，学校鼓励学生将具体事实联结起来形成一个总体概念，但不会让学生花费精力深入探究这一概念，看看这一概念对手头的案例以及类似案例有什么影响。这样一来，归纳在学生这里就成了一种猜测，恰好猜对了，教师会立即鼓励；如果猜错了，教师会立刻否定、反驳。至于将概念进一步引申，那就是教师的事了。但事实情况是，一次完整的思维行为要求提出联想、拓展延伸、负责推理、验证解决的都应该是一个人。当课堂教学不局限于检测学生是否掌握书本知识和所授技能时，教师有可能走向另一个极端，即在听到学生的联想后，只简单地给予肯定或否定的回答，然后自己承担进一步延伸的责任。这样一来，教师虽然激发了学生的联想，但没有很好地引导和训练学生。或者说，刺激到了归纳，但没有帮助它转化成推理阶段。

还有一些学科，只是单纯地把演绎孤立出来，并认为演绎就是完整的思维。这种错误做法经常出现在思维的开始或结束阶段。

3. 第一种错误通常见于提出定义、规律、一般原

让演绎开始，
却终于孤立

则、分类等的过程中。不过，教育改革者已经意识到这种错误，并进行了批评改正，这里不再详述。需要注意的是，这种错误从逻辑上讲是由于在试图引入演绎法时，没有先指出什么样的事实条件才用得到演绎法。不幸的是，有时教育改革者会把反对意见推得太远，或者说把反对意见放到了错的地方，然后对所有定义、规律、一般原则发表激烈批评。要知道，只有当人们把不属于自己经验的东西用于思维演绎时，才应该予以反对。

4. 反过来，从推理过程来看，如果拿不出新的具体事例来论证和检验推理结果，那么会使这个演绎推理陷于孤立。演绎的完成体现在它是否吸收和理解了具体事例。没有人能完全理解一个一般原则，哪怕他去充分地证明它，除非他能真正地将它应用于新的情境中。教科书或教师往往只是提供有限几个案例，也不要求学生将他们想到的原则运用到他们接下来的经验或案例中。只停留在这种程度上的话，这个原则就会沦为一潭死水，毫无生机。

缺乏实验
安排

5. 每一次深思熟虑，其实都是在为实验提供可能性——通过运用提出的原则积极寻找新案例，并检验它是否会出现新的特质。从科学的角度看，只有在某种形式上运用实验方法，才可能实现有效的、完整的思维。但仍有个别教育者认为，学生的智力范围始于天成，且没有什么拓展的必要。当然，并不是说学校一定要建立专门的实验室，一定要引入复杂的设备，但人类的科学史证明，只有提供充分的物理条件，才能帮助学生更好地拓展心智，仅凭书籍、图画、强制性观察，而没有实际操作的机会是不行的。

第八章
判断：事实的解释

一、判断的三个因素

良好的
判断力　　具有良好判断力的人，不论在任何场合，都给人一种有文化、受过高等教育的感觉。如果学校培养出来的学生具备良好的判断力，那么这比他们拥有深厚的知识储备或高超的专业技能要好得多。

判断
与推理　　显然，判断和推理之间存在着密切联系。推理的目的是在一个情境中得出一个充分、合理的判断，但推理的过程会面临一系列不完全的、暂时性的判断。怎样去定义推理呢？人们在审视这个问题时，会发现它的显著特征可以从使用判断这个词的操作中获得，即在法律争议中的权威决定——法官在法庭上的判断。这些特征有三个：①争议，由对同一客观情况的相反主张组成；②定义和详细说明这些主张的过程，以及筛选出用来支持它们的事实；③最终的决定或判决，结束争议的特定事项，同时作为决定未来案例的规则或原则。

1. 除非有什么值得怀疑的地方，否则一般情况能一目了然。但一目了然仅仅意味着理解、感知和识别眼前的事，而非做出判断。如果事情完全令人怀疑，整个情况模糊不清，那么这种状况也需要做出判断。如果情况虽然模糊但暗含不同的意义，且各种意义有分歧、有对立，这意味着存在争议点和一些事实疑问。怀疑会引发争议，不同的立场会倾向有利于他们的结论。法官审理的案件清晰明确地展示了这种争执。但任何令人怀疑，又想进行澄清的情况，也展示了相同的特征。例如，一个人的眼睛捕捉到了远处一个移动的模糊的物体，然后自我揣测："那是什么？是一团扬起的尘土？是一棵摇曳着枝叶的树？是一个向我招手的人？"种种因素显示出各种可能，但真相只有一个，也许其中一个是正确的，也许一个也不正确。但这个事实一定具有某种意义，究竟哪种联想是正确的？感知到的东西又是什么？该如何去解释、评估和定位它呢？无论哪个判断都是出自这样的情境中。

判断之前的不确定性

2. 审理争议或权衡取舍两个主张时，就自然划分出了两派。在某种情况下，一派比另一派更显著。针对

判断界定的问题

法庭辩论，两派都会筛选出最合适的证据和最适用的法规，这些就成为案例的"事实""法律"。它们包括确定在给定案例中重要的数据，以及阐明由原始数据引发的概念或含义。其中又包含两种情况：①情况中的哪些部分能有效影响解释的形成？②所使用的解释方法，有怎样的含义和影响？这些问题紧密相关，答案也相互依存，但为了方便起见，暂时将其分开考虑。

选取怎样的事实作为证据

（1）在实际发生的事件中，会生出一些细枝末节，但它们并不重要。经验的各个部分并不具备相同的价值，也没有同等价值的证据意义。它们不会白纸黑字地标记出"这很重要"或者"那毫无价值"。无论它是强烈的、生动的，还是显著的，人们没有一个指标来衡量它的价值。最明显的事物有可能在某种情况下无关紧要，而最不明显的事物有可能是整个事件最有力的线索。这时，那些显眼却无意义的东西总是能混淆视听。于是，人们坚信它们可以作为线索或提示来进行解释说明，而忽略了重要的隐蔽的线索。因此，人们需要对自己的感官情况进行判断，然后排除、淘汰，再进行有效的选择和发现。

在达成最终结论之前，排除和选择是暂时的或有条件的。人们往往带着利己的期望去选择可以作为线索的事物，但如果没有合适的情境能证明这些线索是有价值的，就需要重新组织数据和事实。因为人们需要找到有效的证据来证明自己的结论或做出判断。

　　至于怎样排除，怎样选择，我们无法给出硬性的规则。正如我们所说的，一切取决于判断者有没有良好的判断力和常识。成为一个良好的评判者需要能对复杂情况中各种特征所指示或表征出来的价值有所感知，即知道什么是不值得考虑可以排除的，什么是有助于结果可以保留的，什么是重要线索需要强调的。一般来说，这种能力就是人们所说的眼光、机智、精明。在重要事务中，它们被称为洞察力、识别力。这种能力在一定程度上源自本能或天生的，但也有后天积累的成分。拥有这种能力，并能充分发挥这种能力的，就是人们所说的专家、鉴赏家、法官等。

怎样寻找证据

　　援引以下案例，完美说明了这种能力究竟能发展到怎样精准的程度。

直观判断

　　"一个苏格兰制造商从英格兰高薪聘请了一位远近闻名的染色工，目的是请他将高超的染色技艺教授给他的工人。于是，染色工展示了他的技艺，但他的秘诀就是完全靠手抓来投放各种颜料，从来不称重。制造商让他把'手抓'改为称重，好以此为标准，让工人学习。结果染色工根本做不到这一点，到最后也没能很好地将技艺传授给其他人。他在长年累月的配色经验中，总结了一套自己的方法，即将头脑中的颜色效果与手抓颜料的触觉紧密相连。凭借这种独特的感觉，他可以在任何特定情况下推断出最合适的用料，甚至判断出之后的效果。"长时间周密的沉思、饶有兴致地接触相关案例、全面吸收相关经验，就会产生人们所说的直觉的判断。这种判断是正确的判断，因为它们能在思维的基础上进行选择和评估，并以解决问题为目标。拥有这种能力的人与没有这种能力的人之间存在着明显区别，这就是专家与普通人的区别。

就理论而言，这是判断能力最完整的形式。但无论如何，在前进的道路上总会有一种特定的感觉，或者一种持续的试探，以挑选出某些特质并予以强调，看看会导致什么后果。也可以说是一种情愿暂时搁置或观望的心态，以期否定或排除某些因素，待到发现了更有力的证据，便将它们作为另一种方案重新摆放到不同位置。警觉、灵活、好奇心是关键因素，教条、僵化、偏见、反复无常、激情是致命因素。

选取适当的原则　　（2）在判断过程中，选择资料是为了对暗示性的意义进行控制和发展，从而得出关于暗示意义的解释。随着事实的确定，概念的演变也在同时进行，一个接一个可能的含义相继出现在头脑中，与应用的数据相关联，发展成更为详细的情节，然后决定接受还是放弃它们。在处理问题的过程中，人们并不是凭借原始的朴素的想法思考解决办法的，而是带着已经习得的某种理解、习惯或经验去思考问题的。结果就是，人们自然而然地养成一种处事习惯，而习惯一经被打断，或者被抑制，头脑自然会围绕所争议的事实涌现出各种不同的意义。没有任何硬性的规则可以决定哪一种意义是正确的，都要由个人、良好或不好的判断作为引导。没有一种想法或观念会自己贴上"请在这种情况下使用我"的标签。思考者必须自己去决定，去选择，但这是有风险的，所以应该谨慎决定、小心选择，即通过观察后续事件来证实或否定什么。在困难面前，如果一个人不能明智地评估什么是恰当的解释，那么即便他学富五车也没什么用处。因为学问不等于智慧，有知识也不能保证做出良好的判断。记忆就像一个无菌冰箱，可以储存一堆含义，而判断会自如地挑选出哪些含义可以用作哪些特定的情境，若是情况没有那么紧急（危机或重大），就不需要判断。即使一个概念是经仔细打磨后才敲定下来的，它一开始也只不过是一个候选，只有遇到一些强有力的选手，并在黑暗中照亮前路，解开矛盾难题，它才能脱颖而出，被证明是最确切的观念。

判断一经形成就意味着做出了决定，即结束了对问题的争议。这种裁决不仅解决了具体事项，还有助于确立类似事项的解决规则或裁定方案，就像法官在法庭上的判决一样，既结束了争议，又为未来的决策提供了先例。如果后续对此没有争议，那么就会在类似案件中逐渐形成一种判断，只要其他案件没有明显表现出与类似案件的不同之处，那么这个判断就是适用的。通过这种方式，一种新的判断原则逐渐建立起来，对这类事件的解释方式也具有了权威性。简言之，意义得到规范，而后变成逻辑概念。

判断终止

二、概念的起源和本质

想法就是在
判断中使用
的推理

　　想法①与判断的关系问题。在一种模糊不清的情景中，往往存在一种由此及彼的暗示关系。如果这个想法被立即接受，就没有了反思的余地，也就做不出真正的判断。斩断思想，不怀疑，不批判，就是盲从教条，风险就会占据主导地位。如果搁置怀疑的同时去探究和验证，那么就会得到真正的判断。当一个想法变成有条件地接受，且经得住检验，意义才会变成思想。也就是说，思想最初可以源于一个即兴的想法，当它被用来解决困惑时，就成了判断的工具。

解释工具

　　这里仍旧列举前面的一个例子，即一个人用眼睛捕捉到远处一个移动的、模糊的物体。他会发起疑问：那是什么？那个模糊的东西意味着什么？是有人在挥舞手臂，是朋友在向我招手？都有可能。如果当即下结论，认可其中一条，就会阻碍思考以及做出正确的判断。但如果只把这些具有可能性的暗示当成假设，它就成了想法，具有了以下特征：①仅仅作为一种暗示、一种猜测，或者作为假设或论点。也就是说，它是一种可能但

―――――――――

①　想法也广泛用来表示一种纯粹的幻想、一个被接受的信念或判断本身。但从逻辑上讲，它在判断中表示一定的因素，如文中所解释的。

尚不确定的解释方式。②尽管存疑，但它有一个使命要
完成，那就是引导探究和审查。如果那个物体是朋友在
招手，那么经过仔细观察，应该会发现相关特征。如果
是一个人在驱赶失控的牛群，应该会发现其他特征。如
果把想法视作一种怀疑，那么想法就会停留在探究调查
前。如果把想法当作一种确定性的存在，就会阻止探究
和调查。如果把想法当作一个存在疑问的可能性，就会
给探究提供一个支撑的立场、一个发展的平台和一种探
究的方法。

　　只有把想法当成反思性探究工具，且能解决问题
时，它才具有真正的意义。这就好比让学生理解地球是
球体的概念，与教学生认识圆形是完全不同的两码事。
教师可以向学生展示或提醒学生回想皮球或地球仪的样
子，然后告诉他们地球就像那些东西一样是球形的。接
下来，每天重复提醒，直到学生在头脑中将地球的形状
与球的形状结合起来。不过，这并不意味着学生已经接
受了脚下的大地是球形的概念，他们顶多头脑中有了球
体的形象，并设法将地球的形象想象成那个样子。要想
真正理解"地球是圆的"这一概念，学生需要先从观察
到的事实中提出某些令他困惑的特点，然后向学生暗示
能解释"地球是圆的"这一概念的现象，如站在珠穆朗
玛峰远眺，目力所及的地方呈弧形；海上远航的船只，
可以回到起点，等等。这种解释，可以使数据更有说服
力，"地球是圆的"才能成为真正的概念。即便形象是

假想

鲜明生动的，也不一定形成概念；哪怕形象是模糊不明的，也可以形成概念。因为只要这个形象能够起到激发和引导观察的作用，就能形成与事实相关联的概念。

逻辑概念就像是为了打开锁而量身定制的一把钥匙。据说，把以吃小鱼为生的梭鱼和小鱼用玻璃隔开，梭鱼会一直用头撞玻璃，直到撞得精疲力竭也搞不明白为什么猎物近在眼前却捕不到。动物学习（如果它们会学习的话）就是通过不断试错，也就是任意妄为地去做这个和那个，然后将其碰巧成功的（案例）存储在记忆中。人类在概念的指导下，有意识地去行动（或者说在联想的基础上去试验），它既不是顽固的愚蠢行为，也不是从老师那里学到的经验。

间接攻击的方式　　许多与智慧相关的词都暗示着迂回、隐晦的活动，甚至带有一种道德上的暗示。例如，直率的人直截了当地去做某件事，暗示这人做事笨。聪明的人是精明的（狡诈的）、心计深沉的（诡计多端的）、机灵的（狡猾的）、有远见的（野心勃勃的），其中都包含着其他意味。概念，就是一种通过反复思考扫清障碍的方法，否则人们就不得不通过蛮力扫清障碍。但是，如果习惯性使用概念，概念可能会失去其智力特质。当一个孩子开始带着疑问去学习辨认猫、狗、房子、弹珠、树、鞋子等物体时，概念的意识性和试验性就会介入进来。如果通常可以直接理解的熟悉事物出现在不寻常的背景下，也会成为判断对象。例如，当我们试图绘出其形态时，会考虑他的形状、距离、大小、位置；当三角形、正方形和圆形不与孩子熟悉的玩具和器皿相关联，而是作为几何问题出现时，孩子就需要去判断。

三、分析与综合

判断混乱的数据可以澄清疑惑，将看似不连贯、不相关的事实联系在一起，这就是分析。通过分析，事物之于人们，会产生一种奇特的感觉，给人们留下一种难以描述的印象。例如，某物体给人的感觉是圆润的，某种行为给人的感觉是粗鲁、无礼的。然而，这种性质可能会被融入某个情境的整体价值中，只有当人们在某个情境需要理解另一个情境中的某事物时，才会将这种品质分离出来，赋予其个性化。也就是说，我们需要描述某个新物体的形状或新行为的性质时，才会调动并抽离以往经验中的元素，凸显它的特征。如果所选元素澄清了新经验中的不明确之处，解决了不确定性，那么它本身也会变得更具明确性。这一点将在接下来的章节中再次提到，这里只谈论它与分析和综合问题的关系。

即使明确指出了智力分析和物理分类是不同类型的操作，人们依然经常将两者进行比较。由于没有人清楚地知道在头脑中将整体分解为部分意味着什么，所以人

分析帮助整理思绪

智力分析与物理分类

们需要进一步去思索，而后认为逻辑分析仅仅是对所有能想到的性质和关系列举出来。这种观念对教育的影响非常大。学校每一个科目都经历了（或仍停留在）"解剖学""形态学"的阶段，即将该科目理解为要在质量、形式、关系等方面区分开来，并为每个区分出的元素重新命名的阶段。在正常的学习过程中，当某些特定属性能澄清并解决当前困难时，才会被强调出来，赋予其个性化意义。只有当它们对判断某种具体情况有利时，它们才有被分析的动机，即将某些元素或关系作为特别重要的因素。

过早干预的影响

将车放在马的前面，将产品放在过程之前，这种程序化方法在基础教育仍存在。在发现和反思探究中使用的方法，不能与发现后出现的方法相同。在推理过程中，思维是处于搜索、探寻、尝试这个或那个的状态；当得出结论时，搜索就已经结束了。古希腊人常讨论"学习（或探求）如何为之？要么我们已经知道要寻找的是什么了，那么我们就不需要学习或探求；要么我们不知道我们要寻求什么，那么根本就无法探求"。这个两难问题引人深思，因为它指向了真正的推理问题：在探究中要不断去怀疑、去试探、去实验。在得出结论后，重新回顾探究的过程，看看什么是有益的，什么是有害的，什么是无用的，这有助于我们更好更快地处理同类问题。通过这种方式，人们能或多或少地建立起组织思维的方法。

　　然而，人们普遍认为，学生从一开始就要有意识地认识并明确阐述出想达到的那个结果需要怎样的逻辑方法，否则他的思维将是混乱不堪、杂乱无章的。在执行过程中，如果学生能有意识地对概要、主题分析、公式等做出陈述，那么他的思维能力就会得到保护并逐渐增强。事实上，这是错误的。只有在采用更加无意识和更加试探性的方法达到结果后，才可能有意识地阐述出适合的方法，而且只有那些可回顾的、具体的、成功的方法才能够为新的类似情况提供有价值的启示。过早地表述出具有逻辑的特征，只会妨碍逻辑分析的快速进行。方法的明确性来自重复使用，有了这种明确性，方法的公式化陈述自然水到渠成。但因为教师发现他们自己最理解的东西是以清晰、明确的方式划分和定义的，所以就认定学生从一开始就应该掌握程式化方法。

　　正如分析被认为是一个将整体进行拆分的过程，综合被认为是一种物理拼凑一样。这样想未免太过神秘了。事实上，当人们理解了事实对结论的影响，或明白了原则对事实的影响时，已经完成综合了。如果说分析需要强调，综合则需要放置。前者使被强调的事实或特性凸显为重要，后者则给所选择的内容赋予结论，或者与所表示的内容相联系。每一个判断，只要用辨别力和鉴赏力将重要的与不重要的东西区分开时，就是在分析。只要把选择的事实放在更宽广的情境中，就是在综合。

综合

分析和综合
的关联

那些自诩为纯粹的分析或纯粹的综合的教育方法，在执行时常与正常的判断操作不相容。比如，人们经常讨论地理教学到底该采取分析法还是综合法。综合法认为应该从学生已经熟悉的地球表面的局部概念开始教授，然后逐渐扩展到相邻区域，直到整个地球和太阳系。而分析法认为应该从整体，如从太阳系或地球开始教授，然后逐步分解至地表环境。这里的区别在于，究竟是从物理的整体概念还是部分概念开始教学。实际上，人们不能先假设学生已经熟悉了地球的某个部分，而想当然地认为可以从这里着手，因为学生对它的了解是模糊的、不完整的。此外，学生所在地区并没有明确的界定，是不可以测量的。学生对环境的经验已经包括太阳、月亮和星星等，因为他们已经观测到了它们的存在，也观察到了人体在移动时，地平线也在发生变化。也就是说，看起来有限的本地经验，实际上包含了更为丰富的一些因素，这些因素将学生的想象力延伸到他们的家乡和村庄之外的地方，也就是与更大整体建立起了关系。但学生对这些关系的认识是不充分的、模糊的、不正确的，他们需要借助了解的地方环境特征来澄清和扩大对这些更大的地理场景的理解。

只有当一个人掌握了更广阔的背景，在他的局部环境中，最普通的特征才会变得清晰、可理解。分析导致综合，综合完善分析。当学生越来越理解庞大、复杂的地球及其所依赖的更大空间时，他们对熟悉的环境便不言而喻了。在正常的反思中，选择性强调和对所选择内容的解释之间存在着密切的互动。因此，把分析和综合对立起来本身就是极不明智的。

第九章
意义在心智生活中的位置

一、智力活动中的意义

意义是集中的　　　前文在讨论判断时，已经明确地阐释了推理涉及的内容，所以在讨论意义时我们只是再次回到了反思的核心功能。这意味着、表示着、预示着、指向着另一件事，就是思维的基本特征。找出事实，就事实本身而言，意味着什么，这就是发现；找出什么事实能够实现、证实、支持一个给定的含义，这便是检验。当推理达到令人满意的结论时，便达到了"意义"的目标。而判断涉及意义的应用。简言之，本章并没有引入新的主题，只是更加接近一直被不断假定的东西。接下来将论述理解与意义以及直接理解与间接理解。

（一）理解与意义

如果一个人突然闯进你的房间，大喊"paper"，你会想到多种可能性。对压根不懂英语的人来说，这可能只是一个起不到任何作用的声音且这个声音不是可供思维的对象，没有可思考的价值。这时，你不理解它和它没有意义是一样的。如果这个声音是送早报的常用声音，那么这个声音就有了思考的意义，你会理解它。或者你在急切地等待着某份重要文件的到来，那么在听到这个声音时，你很可能会假设那份重要文件已经到了。如果你懂英语，但不像上面两种情况那样有可期待的语境，那就是这个词有意义，但整件事没意义。你会感到困惑，并去寻找能解释这个毫无意义的事件的理由。如果你找到了一些理由，它就变得有意义了，你也理解了它。凡是智力正常的人，都会做有意义的假设。因此，如果事实证明，有人只是想告诉你人行道上有一小片纸，或者宇宙某处有一小片纸，你一定会认为他疯了，或者认为自己被愚弄了。所以，熟知意义，在重要的情境中理解、识别事物，也是一样的。它们敏感地反映了我们的思维。若是没有它们，就会缺乏思维内容，或者思维混乱抑或思维扭曲，精神错乱。

所有的知识、科学，都旨在把握对象和事件的意义，这个过程就是让它们从明显的孤立事件中解放出来，进而证明它们是某个整体的部分，由此从整体的角

知识和意义

度来解释它们，也就是赋予它们意义。假设有人发现了一个带有奇特痕迹的石头，如果他想这些痕迹是什么意思？那么他可能没办法确定该物体的意义；但就看到的颜色和形态而言，他知道该物体是块石头，即了解它的意义。正是这种理解与不理解的特殊组合引发了思考。假如调查发现，这些痕迹为冰川划痕，那么令人困惑的特征也就变得可理解了：大块冰体在运动、摩擦的过程中，导致一块岩石碰撞到另一块岩石。从这个例子可以看出，有效思考的能力取决于拥有一个可以随时应用的大量已知信息。

（二）直接理解与间接理解

上面的例子，展示了两种理解含义的方式。懂英语的人立刻就能领悟到"paper"的含义，但这并不代表他理解了整个事件的意义。同样，一个人一眼就能辨认出那是块石头，这没有什么可质疑的，但这并不代表他理解了石头上的痕迹。这些痕迹是具有一定含义的，是什么呢？分为两种情况：一种情况，由于已有的认知，这个人对该事物及其含义有一定的了解；另一种情况，事物及其含义，是暂时分开的状态，为了理解这个事物必须寻求它的含义。在前一种情况下，理解是直接的、迅速的；在后一种情况下，理解是迂回的、延迟的。

大多数语言都有两套词汇来表达这两种理解方

式：一种是直接接受或领悟含义；另一种是迂回的理解。比如，希腊语中有 Υνωναι 和 ειδεναι，拉丁语中有 noscere 和 scire，德语中有 kennen 和 wissen，法语中的 connaifre 和 savoir，英语中有 acquainted with 和 know of or know about。当前，人们的思维就是由这两种理解方式交互构成的。所有判断、所有反思的推断，都预示着缺乏对意义的某种理解。人们反思是为了理解所发生的事物的所有含义。尽管如此，一定要一些含义是被人们的大脑所已知的，否则思考就无从谈起。人们思考是为了掌握含义，但随着思考的深入、知识的扩展，总会出现意想不到的盲点和难点，而知识量越少的人，越少碰到这种情况。这就好比，一个科学家被带到新大陆时，会发现许多难以理解的事物，而普通人很少意识到这些问题。随着意义的增加，人们意识到了更多的新问题，只有将这些新问题转化为已熟悉的内容，人们才能理解或解决这些问题。这就是知识不断螺旋攀升的过程。

人们在知识中获得进步的部分原因是发现了先前被视为理所当然、显而易见的事物中隐藏着的模糊不清的东西，并学会了利用直接理解到的意义去掌握那些晦涩和令人困惑的意义。没有一个物体能如此熟悉、如此显而易见、如此平凡，以至于不会在新的情况下出现新的问题，从而引起反思。没有一个物体生来就是陌生、特殊或遥远的，乃至无法让人们对其从浅显的认知变为深

两种类型的相互作用

节奏过渡的过程

107

入的理解。人们可以通过观察、认知、把握、理解和明了其原则、真理，即以非常直接的方式理解它们的意义。正如前文所述，思维的进步一部分在于直接理解（口头所谓的"理解"）与间接理解（口头所谓的"领悟"）的有规律的交互运动。

二、获取含义的过程

熟悉度

在直接理解方面，第一个问题是如何建立一个直接可理解的含义库。人们为何看到一个事物，就会理所当然地将其视为情境的重要组成部分或者认为其具有特殊含义的呢？回答这个问题的难点在于人们对已知的事物了解得太过透彻。思维往往容易理解未知的事物，而难以理解那些已成为习惯的、根深蒂固的事物。现在，人们能迅速且直接地理解椅子、桌子、书籍、树木、马匹、云彩、星星、雨水等，却忘记了它们也曾是许许多多未知事物中的一个。

混乱先于熟悉之前

詹姆斯说过这样一段话，经常被拿来引用，他说："婴儿第一次同时感受到眼睛、耳朵、鼻子、皮肤和内脏带给他的冲击时，会认为这一切把他带进了一个巨大的、嗡嗡作响的混乱中。"詹姆斯谈论的是婴儿对整个世界的最初认知，不过，这段描述同样适用于新事物对成年人的冲击，只要这新事物足够新鲜、足够陌生。对陌生阁楼里的猫来说，一切都是模糊混乱的，且没有什么标签将它们区分开。对于听不懂的语言，人们无法辨别出一个明确、清晰、个性化的声音组。就像乡镇的人走在繁荣喧嚣的城市街头，长期居住在陆地上的人去海上航行，门外汉与专业选手比赛。把一个没有经验的人放在工厂里，他一开始一定会认为这项工作是毫无意义且杂乱无章的。在一般人看来，所有陌生的异族人都长得差不多。对于不理解的事物，人们总感觉它们看起来差不多，这是因为人们并未理解它的特征。因此，通过事物掌握含义的问题，或者说形成简单理解习惯的问题，其本质就是要把模糊和摇摆不定的问题引入确定和区别、一致或稳定的意义。

要想获取确切性、连贯性（或恒定性）的意义，主要靠实际活动。让儿童去滚动物体，他才能深切地感受到什么是圆的；让它弹起来，他才能了解什么是弹性；举起它，他才能感受到重量也是这个物体的显著因素。物体间的区别不是通过感官辨别的，而是通过反应，通过响应性的调整。例如，成年人感觉很明显的颜色差异，在孩子眼中却一点儿也不明显。孩子一定不会认为所有颜色都是一样的，但因为他们对这种差异没有合理的认知，所以一个物体是红色、蓝色、绿色，对他们来说没有特殊意义，也不会引起他们足够的反应。然而，某些特征很明显的习惯性反应会逐渐与某些事物联系起

让混乱变得明晰

来，如白色变成了牛奶和糖的标志，孩子会对此做出积极反应；蓝色成为孩子喜欢穿的裙子的标志；等等。独特的反应倾向于将颜色特质从其他事物中独立出来。

又如，人们很容易将耙子、锄头、犁、铁锹和铲子区分开来，因为每种工具都有其独特的用途和功能。但人们很难记住叶片的形状是卵形的还是倒卵形的，边缘是锯齿状的还是齿状的，或者酸类中哪些是酸性的、哪些是亚酸性的。这些都存在很大差异，但差异在哪儿呢？或者，人们知道差异在哪里，但分不清哪个是哪个？形态、大小、颜色和部件排列的变化对特征和含义的明确性影响较小，而事物及其部件的用途、目的和功能影响更大。所以常常误导人们的是，形态、大小、颜色等特质过于明显，以至于人们压根不会去想它为何会有这样的明显性特征。当人们被动地面对事物时，它们也就不会被区分出来，而是被模糊地隐藏在整体中了。声音也有高低、强弱之分，但除非人们对这种差别予以重视或进行特殊参照，否则几乎没有人能注意到或分辨出这些模糊的差异的。

由儿童画作联想到的　　儿童的画作也是很好的例证。儿童根本不知道透视画法是怎么一回事，他们的兴趣也不在绘画的表现，而在事物本身。虽然透视画法对作画至关重要，但不是作画本身的特征、用途和价值。所以，儿童画作中房子的墙壁往往是透明的，这样才能凸显房子里的椅子、床、人物，这些代表着房子的意义；烟也总是从烟囱里冒出来的状态，否则，为什么要有烟囱呢？圣诞节的长袜会被画得和房子一样大，甚至大到不得不伸向房子外面，因为考虑到了袜子的使用价值。在儿童心中，自然是礼物越多越好。对大多数人来说，学习绘画最困难的问题是，习惯性的用途和用途的结果已经在心中形成了刻板印象，所以没有办法像儿童那样充分发挥想象。

把声音转化成文字是更明显的例子，因为这充分展 **以声音为例**
示了单纯的感官刺激是怎样获得明确且恒定的意义的，并且使之相互连接，从而方便识别的。语言是一个非常好的例子，因为每一种语言都有成百上千个词汇，在意义上已经和物质的特性紧密联系起来，因而能被直接理解。桌子、椅子、按钮、树木、石头、山丘、花朵等，就物质对象而言，本来已经同物质的特殊属性结合起来，而文字要想达成这种结合，则需要花费很大力气去探索，去实现。所以，单论文字意义的话，只有通过听到声音而后观察随之而来的结果，通过倾听他人的声音而后观察随之而来的活动，才能将特定声音与特定意义结合起来。

熟悉意义意味着人们在物体面前快速作出正确判断，从而在不经思考的情况下，就能预期到某些可能的后果。期望的明确性定义了意义，避免了含混不清，此种习惯反复出现的特征赋予了意义稳定性、一致性，以及将它从波动不定中抽离出来的特性。

三、概念与意义

定义等于确
定的意义

　　"意义"是一个常见的词；而"概念""想法"也是常见的专业术语。严格来说，它们并没有什么新意，任何具有个性化且被直接理解和轻松运用的意义，都可以被一个词固定下来，这就是一个概念。从语言学角度来看，每个普通名词都承载着一定的意义，而专有名词和带有"这个""那个"前缀的普通名词，都特指那些有意义的事物。思维在概念的基础上得以延伸拓展，因此，可以说在推理和判断的过程中，人们使用了意义，这让人们对某一事物有了一个正确的认知，并在正确认知的基础上拓展了它。

所谓标准化

　　有时，不同的人会讨论一个不存在或至少不在眼前的事物，但大多能达成一致，统一认知。同一个人在不同时刻也会经常提到同一类事物或同一类对象。感官经验、物理条件、心理状态虽各有不同，但仍然有很多相同的意义被保留下来。如果度量衡随意改变标准，就会导致人们没有办法称重或测量。同样，如果意义不能保持稳定，会造成人们的认知困境。

定义未知事物

　　概念即识别、补充以及将其纳入体系的一种工具。假设天空中出现了一个人们以前从未见过的微小光点。除非有可以作为推理工具的知识储备，否则这个光点将只是看到的那一个微小的光点，它所有的作用可能只是一种对视觉神经的刺激。但若积累了一定经验，且获得了特定意义，那么这个光点就会得到适当的解释。它可能是一颗小行星或彗星或恒星的形成过程，抑或是正在碰撞或瓦解的星云？每个概念都存在着有别于其他的特征，然后通过长时间细致的探究将这些特征找出来。最终，这个光点被识别为彗星。一个标准含义让它获得了稳定的身份和特性。所有已知的彗星特性都在这个特定的事物中得到了解读，即使它们尚未被观察到。天文学家所了解的关于彗星的轨迹和结构，都成为解释这个光点的依据。太阳、行星、卫星、星云、彗星、流星、星尘，所有这些概念都具有一定的相互参照性，当这个光点被识别为彗星时，它就已经被认定为庞大的宇宙家族中的一员了。

达尔文在自传中提到，年轻时自己曾在某个砾石坑中发现了一只热带贝壳，并将这个消息告诉了地质学家西奇威克。西奇威克当下就说，这一定是被人扔到那里的，如果它本就存在那里，那将给地质学带来一场灾难，因为它将推翻地质学家对该地区地表沉积的所有认知，自冰川时代以来的认知。达尔文对西奇威克的表现感到非常惊讶。没有什么事让达尔文如此清楚地意识到，科学的意义就是将事实归类，以便从中得出普遍定律或结论。这个例子表明了科学概念如何明确表达系统化倾向，这种倾向几乎涉及所有概念的使用。

知识体系的重要性

113

四、什么不算概念

概念不是从众多不同的事物中剔除它们之间的不同之处，保留相同之处而得出的。有人认为概念的起源就好像一个孩子在试着接触不同的事物，如他自己的狗、邻居家的狗、表兄弟的狗。他同时比较分析这些狗，终于得到许多不同的特征，如颜色、大小、形状、几条腿、毛发的数量和质量、消化器官等。然后剔除所有不同的特征，保留相同的特征，如四肢、被驯养的。

这一观点，仅仅是从这个孩子的所见所闻、所接触到的狗中总结出来的。这一点或许会让这个孩子发现，自己可以凭借过去的经验对未来做出某些预测，即他可以在某些特征表现出来之前就已经有所期待了。将来，无论何时出现何种线索，他都可能自然地做出这种预期。因此，他可能会把猫当成小狗，把马当成大狗。一旦发现并不是所有的特征和行为模式都相符合时，他便被迫从狗这一含义中剔除某些特征，再选择其他一些特征。随着他将这个含义应用于其他狗身上，狗这一概念会变得越来越清晰和明确。他并不是从一堆现成的事物中提取出一个共同的含义，而是在将过往经验中的东西应用到每一次新的经验中，以方便理解它，随着这一从假设到检验的过程被证实或推翻，概念才逐渐变清晰。

同样的道理，概念之所以通用，在于它们的构成。关于概念起源的观点认为，概念是通过一系列不可能的分析形成的。这种观点对应着这样一种想法：概念是由分析多个个体后剩下的所有相似元素组成的。但实际上，一旦获得了某种意义，它就成为帮助人们进一步理解其他事物的工具。因此，这个意义就被扩展到了更多事物上。通用性在于应用于更广泛的新情况中，而不在于构成部分。也就是说，所谓的保留下来的共同特征的集合，可能来自一百万个对象的共同之处，它们仅仅是一个集合，而不是普遍的概念。在任何特定事情中强调其显著特征，是为了帮助理解另一个经验，这才让它具有了通用性。综合分析不是机械地做加法，而是将在一个案例中发现的东西应用于其他案例中。

五、意义的定义与组织

一个完全不具备认知能力的人，是绝不会产生错误认知的。但通过推理和解释获取知识的人，将不断面临认识错误、理解错误、行为错误的危险。误解和错误的来源是意义的不确定性。意义如果模糊不清，必然造成误解，误解他人，也误解自己。错误的含义，如果足够清晰明了，也可以追根溯源，加以纠正。但模糊的意

确定性对
模糊性

115

义则无法为分析提供材料，经不起考验。模糊的概念将掩盖不同意义的混淆状态，促使一种意义被另一种意义替代，从而无法形成准确的含义。这是最原始的逻辑错误，是大多数不假思索的根源。完全消除不确定性是不可能的，人们只能尽力在范围和力度上减少它。要做到清晰明了，一个意义必须是独立的、单一的、透明的，这有一个专业名词，即内涵。达到这种意义的过程就叫作定义。人、河流、种子、诚实、资本、最高法院等词语的内涵都是各自独立的，各有其特征的。检验一个意义的清晰性，即看它是否能成功地将一组体现该意义的事物与其他组分开，尤其是那些传达几乎相近意义的组。河流的意义（或特征）必须用来指代罗尼河、莱茵河、密西西比河、哈德逊河等，尽管这些河流在地点、长度、水质上各有不同，但它们拥有相同的属性特征，且不同于洋流、池塘或小溪。利用一个意义标记和组合各种不同存在的多样性，就构成了意义的外延。

定义与分类　　定义产生了内涵，分类则产生了外延。内涵和外延，定义和分类，显然是相互关联的。内涵是指认特定事物的原则，外延是被识别和区分的事物组。意义作为外延，如果不指向某个对象或一组对象，那么它将完全是虚无的，而对象如果不能准确地从它所在组区分开来，那么各个内涵就是孤立且狭义的。所以，内涵和外延需要综合来看，这样才能使我们具备明确的个性化意义，并指示意义所指向的对象组。这样，既明确了个体，又组合了一类。任何一组意义得到澄清，并可以归类于彼此的关系中时，那组特定事物就成为一门科学。也就是说，定义和分类是科学的标志，与无关的杂乱信息和人们无意识的经验引入的习惯完全不同。

定义有三种类型：指示性、阐释性、科学性。其中，第一种和第三种在逻辑上很重要，而阐释性在社会和教育上很重要，起到连接第一种和第三种的作用。

1. 指示性。盲人永远无法充分理解彩色的含义，只有看得见的人才能通过指定的含义区别各种颜色。这种通过亲身感受的方式界定含义的方法，就是指示性的。与感官相关的词，如声音、味道、颜色等，都是指示性的；情感和道德相关的词，如诚实、同情、仇恨、恐惧等，也是指示性的，甚至需要个人第一手感觉才能领会。教育改革者对语言和书本式训练的反应总是要求诉诸第一手个人经验。无论一个人拥有多么先进的知识或经历过多少科学培训，要想对新事物或旧知识有新发现，都需要通过第一手感觉来领悟。

通过挑选来定义

2. 阐释性。在标明一定的含义后，语言可以发起联想。这样一来，就可以去定义更多的颜色，比如，定义一种介于绿色和蓝色的颜色；又如，定义老虎，让它变得更明确，可以选择一些猫科动物的特质，结合其他物种的大小、重量等特征来综合说明。例证就是具有阐释性的定义，字典中给出的含义也具有阐释性。通过采用更为熟悉的相关含义，以及所处社会普遍认同的含义进

通过已经确定了的

行阐释。但这些定义本身是间接的或带有惯性的，所以
存在人们可能会绕开获取第一手经验的机会，而以权威
观点替代的危险。

通过发现产
生的方式

　　3.科学性。虽然普遍流行的定义可以作为识别和分
类个体的规则，但这种识别和分类的目的主要是社会实
用，而不是训练思维。比如，将鲸视为鱼类并不妨碍一
个人成为成功的捕鲸者，也不会妨碍他对鲸鱼的识别。
将鲸视为哺乳动物同样可以达到实际目的，还能为科学
识别和分类提供更重要的价值。普遍流行的定义常常选
择某些相当明显的特征作为分类的关键。科学的定义则
选择因果关系、生产和生成条件作为特征。流行定义使
用的特征并不能帮助人们理解为什么一个物体具有其普
通的含义和品质，它们只不过陈述了一个事实。科学分
类将一个物体的构造方式确定为分类的关键，从而解释
了为何同类组物体具有相同性质的特征。

　　例如，一个具有丰富实践经验的人被问及如何理
解金属时，他的回答可能会包含金属的实用特征，如硬
度、光泽、亮度、相对大小、重量等，因为正是这些特
征让人们在接触这种物体时能做出分辨。另外，它的使
用特征也包含在内，如可锤打、可拉伸、不易断裂、受
热软化、受冷硬化、抵抗压力和腐蚀等。然而，科学的
定义会在实用特征外添加其他特质，形成不同的确定含
义。所以，金属的现代定义大致如下：金属是与氧结合
而成的产物，可与酸结合形成盐类的化合物。这种科学

上的定义并非基于直接感知到的特质，也不是基于直接
实用的性质，而是基于某些事物与其他事物的因果关
系，即它表示一种关系。化学定义越来越多地表达为不
同种类的物质相互作用的结果；物理定义越来越多地表
达为操作关系；数学定义表明数的功能及分组顺序；生
物定义表明生物学的各种关系，表示通过调整各种环境
而实现的差异化衍生关系；等等。总之，定义在表明事
物如何相互依赖或相互影响时，达到了最大的明确性和
广泛性（或适用性）程度，而不是静态地表达事物所具
有的特质。科学定义体系的理想状态就是使任何事实和
含义之间实现连续性、自由性和灵活性的转化，这要求
人们牢牢把握事物在不断变化过程中相互联系的动态关
系——这是一项要求人们必须先见性地洞察生产或进步
的方式方法。

第十章
具体与抽象思维

　　教师常告诫学生要学会"从具体到抽象"，这句话或许家喻户晓，却很少有人真正理解。很少有人读到或听到这句话就能清晰地理解何为具体，何为抽象，以及怎样才能从具体走到抽象。有时，这种指令被解读为积极的指令，因为它指向的是思维的一种推进方向，仿佛任何不涉及思考的处理事物都是具有教育意义的。如果这样理解，那么这一句话所鼓励的就是一种较低端的、机械化的例行公事或感官刺激，且无法应用在较高端的实际学习中。

　　从广义上讲，只要是与事物打交道，哪怕是儿童，在处理事情时，都会用到推理。事物由联想激发，被推论覆盖，最终的解释则证实了某个观点或结论。所谓的指示，一旦失去了思考判断，便注定是没有教育意义的。如果最终的目标是抽象，则意味着这是一种超越事物的思维，那么显然它就是空洞的形而上学，因为有效的思维总是或多或少地与事物相连。

　　然而，以上原则经理解并补充后，有了一个全新的意义。那么，这个意义是什么？具体意味着一种明确与其他意义区分开来的含义，以至于它总能轻易地得到理解。当人们听到桌子、椅子、火炉、外套这些词时，不需要思索就能理解其意思。因为这些词传达出的含义是直接的，不需要任何转化。然而，有些词传达出的含义并没有那么直接，只有先想起更熟悉的事物，再追溯到不理解之物，然后才能理解。简单来说，前一种含义是具体的；后一种含义便是抽象的。

再回到直接和间接理解上

　　对于深谙物理和化学的人来说，原子和分子的概念相当具体，他们经常使用这些术语，无须费力去理解其含义。但对于外行和初学者来说，首先需要回想自己已熟悉的事物，并经历一个缓慢的转化过程。如果熟悉的事物和陌生事物的连接中断的话，原子、分子就很容易失去其原本的含义。这种差异性适用于任何专业术语，如代数中的系数和指数，几何学中的三角形和正方形，政治经济学中的资本和价值，等等。

熟悉什么是智力上的具体

　　正如指出的那样，这种差异完全与个体的智力发展情况有关，即在成长的过程中，同样的物体在一个时期是抽象的，而在另一个时期则是具体的。除此之外，人们还发现原本非常熟悉的事物，有时也会涉及奇怪的因素和未解决的问题。然而，根据整体判断事物属于熟悉的认知范畴还是不熟悉的认知范畴，能明确出一条分界线，从而更加恒定地划分出具体和抽象。这些界限主要由实际生活的需求决定，像棍棒和石头、肉和土豆、房屋和树木，都是人们需要考虑的环境中的恒定因素，了解它们，人们才能更快地学会与其紧密相连的其他含义，从而更好地生存。当人们与某物过于频繁地接触时，就会把它所有陌生和新奇的部分磨平，那时，人们就熟悉了这个东西。由于社交的需要，成年人逐渐理解了诸如税收、选举、工资、法律等词语的具体含义。而人们无法直接理解的东西，如厨师、木工或编织的工具，会自然地将它们归类为具体，因为它们是与人们日常生活息息相关的东西。

相比之下，抽象更偏重理论性，或者与实际生活不太密切相关的概念。抽象思维者（有时被称为纯粹科学家）倾向于抽象出与生活应用无关的部分，而几乎不考虑实际用途。然而，这只是一种消极的说法。当与用途和应用的联系被排除时，剩下的是什么？显然，只有与知识有关的部分了。许多科学概念都是抽象的，这不仅在于掌握它们需要更长的学习期，还在于科学概念的意义往往能促进知识、探索和思考。

当思考被用作达到某种目的一种手段时，它是具体的；当它被简单地用作思考的手段时，它是抽象的。对于理论家来说，一个观念之所以是完整的或自成体系的，是因为它能引发并回报思考。而对于医生、工程

师、艺术家、商人、政治家来说，一个观念只有在能有
益于促进生活的某方面时才是完整的。

对于绝大多数的普通人来说，生活的实际需求更为
紧迫。他们的主要任务是正确地处理自己的事，而那些
只在思考范围有意义的事对他们而言都是苍白无力的。
因此，在实际生活中取得成功的人总是对那些"纯粹的
理论家"嗤之以鼻。因为他们坚信某些事情在理论上是
可行，但在实践中是行不通的。总的来说，他们会贬低
使用抽象、理论和智力这些术语，因为在他们眼里，这
与头脑聪明是两码事。

当然，在某些条件下，这种态度的确有其合理性，
但从常识和实际来看，贬低理论并不适用于所有事实。
即使从常识的角度看，也有"太过朴实"的说法，就是
过于专注实际，而不能长远地看到未来，就像一个人永
远看不到自己的鼻尖，或砍断自己正坐着的树枝。问题
在于找到一条界限、规定一个度，从而进行调整，而不
是将它们绝对分离。真正的实干主义者在遇到某个问题
时，会让思维自由发挥，而不会为了获得实际利益钻牛
角尖。过分专注实用事务无疑会将视野缩小，最终自
食其果。将思维拴在实用的桩上，却不留下足够长的绳
子，结果就会得不偿失。实际行动需要一定的远见和
想象力。人们要对思考感兴趣，而不要为了获得利益例
行公事。对知识本身的兴趣，即为了思考而自由发挥思
考，是解放生活并丰富生活的必要条件。

对理论的
轻蔑

回到从具体
到抽象的
教育法则

1."从具体开始"意味着应该从一开始就重视实践，特别是在非例行和机械化的职业中，因为这些职业需要智能地选择和适应的方法内容。如果仅是增强感觉或积累事物，这并不是在"顺应自然"。数字教育是不是从具体开始，不在于是否使用了夹板、豆子等辅助手段。如果只使用数字进行教学，那么即使能清晰地表达数字关系的使用和影响时，数字概念也是具体的。在特定时候使用特定的符号就是最好的具体，无论是积木、线条还是图形，完全取决于对特定情况的调整。如果在教授数字、地理或其他内容时所使用的物理事物对头脑起不到启发的作用，那么这种教学就与只提供定义和规则的抽象教学一样，它只会转移学生的注意力，成了一种纯粹的物理刺激。

带有明显
隔离的具体
混乱

认为只须向感官展示特定物体就能在头脑中留下一定概念的思想几乎等同于迷信。在课堂中引入思维训练比先前的纯说教明显进步很多，但这一进步也常误导教育者，最后学生也是一知半解。对事物的思考确实能促进孩子的发展，但前提是他们能随时随地在自己的实际生活中应用它们。适当的连续性工作或活动可以促使他们使用自然材料、工具、各种能力，并迫使他们主动思考，思考它们的含义、彼此之间的关系以及它们与实现目标的关系。但孤立地呈现事物则毫无用处。很多年以前，初等教育改革的最大障碍是盲目相信语言符号（包括数字）能有效地促进思维训练。现在，对实物的迷信又恰恰阻碍了改革的道路。正如一个人如果仅仅追求较好，那么他便永远无法实现最好。

2. 成功进行一项活动的兴趣应逐渐转移到对事物的研究上，包括研究它们的特性、后果、结构、原因和影响。成年人在生活、工作中很少有多余的时间或精力（除了不得不去做的）用来研究自己所从事的事业。儿童的教育活动应该安排儿童直接感兴趣的活动，并将能创造成果的注意事项列出，以此引发儿童特别关注到与最初的活动有直接或间接关系的事物。比如，儿童原本对木工或车间工作有直接兴趣；那么就可以将他的这种兴趣转化为对几何和机械的兴趣；对烹饪的兴趣可以发展成对化学实验以及有关生理和卫生学的兴趣；对绘画创作的兴趣可以转化为对表现技巧和美学欣赏的兴趣。这种发展才是真正的"从具体到抽象"，这句话所指代的是这个过程中动态的和真正有教育意义的因素。

对思维训练
保持兴趣

3. 教育的重要目标是培养学习者对知识的兴趣，因乐于思考而思考的精神。过去，人们总认为要为开始的行为和过程做准备；现在，更重要的是发展出自身的吸引力。这就是思考和知识的情况。最初思维是为了超越自身结果而进行的，但它们会吸引越来越多的注意力，直到成为目标本身而非手段。孩子为了他们感兴趣的事，会不厌其烦地进行反思、检查和测试。就这样，思维的习惯慢慢形成，直到它们变得重要起来。

思考活动愉
悦的发展

第六章中提到的三个例子代表了从实际到理论的

转换的例子

上升过程。为了履行个人承诺而围绕行走路线展开的深度思考显然属于具体的例子。努力解释船体的部分意义则属于中间类型的一个例子。杆存在的原因和位置是一个实际性的原因，但对建筑师而言，这个问题则纯粹是具体的，是为了维持某一系统的行动。但对船上的乘客来说，这个问题是理论性的，多少带有推测的性质。他能否解释清楚杆的意义对他能否到达目的地没有任何影响。泡泡的出现和移动，展示的是一个严肃的理论或抽象案例。这里并不涉及什么危险，即使没有解决问题也不会对个人安全造成危害，更没有为解决问题而调整外部手段的必要。只不过是与生俱来的好奇心和求知欲因为观察到了一些异常事件而受到了挑战，而思考只是试图根据已知去解释一个有违常理的例外情况。

**理论知识从
未停止**

（1）值得注意的是，抽象思维代表着一种目标，而不是终点。对没有直接用途的事物进行持续性思考，是直接思维方式的产物，而不是其替代品。教育的目标不是破坏思考的力量，扫清障碍，调整手段和目的，也不是将其替换为抽象的反思。理论性思维不比实践性思维更高级。一个既能运用抽象思维又能运用实践思维的人，比只具备一种思维方式的人更高明。那些在培养抽象思维能力时削弱实际或具体思维的人，与那些在培养规划、安排、预测能力时，而不考虑与实际后果无关的思考的乐趣一样，都无法达到教育的理想境界。

（2）教育者还应该注意到个体之间存在着非常大的差异，不应该将同一模式和典范强加给所有学生。许多学生（可能是大多数），是为了行为和成就而思考，而不是为了知识本身而思考。在成年人的生活中，工程师、律师、医生和商人比学者、科学家和哲学家要多得多。无论学生将来从事怎样的工作，能做出怎样的成就，教育都应该把学生培养成具有学者、哲学家和科学家精神的人。当然，这并不是在强调哪一种思维更优秀，也并不是在鼓励把学生培养为理论派。只是强调，学校应该反思，是否一直偏爱抽象思维，这对大多数学生而言有失公平呢？"仁爱""人文"教育理念的缺失是否正是产生过于技术性、专业化思想的原因呢？

大多数小学生并不是一个思维模式

教育的目的应该确保两种思考态度的平衡，充分尊重个体的性格，不要妨碍和削弱个体的天性，即不再限制那些具有强烈的具体爱好或天分的学生。在实践活动中，教育者应该抓住每一个机会去培养他们的好奇心和对知识的敏感性。教育不应该抹杀天性，而应该放宽态度包容天性。对抽象、纯粹思维有兴趣的少数学生，教育者应该为他们提供实际应用的机会和要求，将象征性的真理转化为社会生活及其目标术语。每个人都具备这两种能力，如果能将这两种能力紧密相连、互相作用的话，那么教学将变成一件十分快乐和高效的事。

教育的目标在于有效的平衡

第十一章
经验与科学思维

一、经验思维

依靠过往
经验

　　除了科学方法的发展，推断还取决于在特定经验的影响下建立起来的习惯。A 说："明天可能会下雨。"B 问："为什么这么认为？"A 回答："因为日落时天空很昏暗。"B 又问："这和下雨有什么关系？"A 回答："说不上来，但我发现每当出现这样的日落，第二天就会下雨。"A 并未意识到天空呈现的样子与即将来临的雨之间存在着某种联系，也没有意识到事实本身的连续性，也就是人们所说的法则或原则。他只是把经常发生的两个事件结合在一起，所以当他看到一个事件时，自然就会想到另一个。一个人在看了晴雨表后，可能会相信明天要下雨，但如果他不明白水银柱的高度（或者由其升降移动的指针位置）与大气压力变化的联系，以及这些与空气中湿度的关系，那么他相信明天会下雨就纯粹是一种经验之谈。当人们靠打猎、捕鱼或放牧为生时，发现天气变化的迹象就非常重要。因此，先辈留下了一大批反映天气变化的谚语。但只要人们无法理解这件事为什么会成为某种预兆，只是将重复上演的两件事结合起来预测天气，那么这种预测就是经验性的。

在东方，古代先贤就学会了准确预测行星、太阳和月亮的周期性位置，而后预言日食的时间，尽管他们并不十分理解天体运动的规律，也就是说，他们并没有对这些事实之间的连续性有什么概念。他们只是通过长期的反复观察认识到某事物大致正以某种方式发生。那时，医学也主要处于这种状态。经验表明，"总的来说""通常""一般来说"，在出现一定症状时，使用一定的药物会产生疗效。人们对个体（心理学）和群体（社会学）的人性的总结在很大程度上停留在既往经验上。甚至被归类为典型理性学科的几何学也始于古埃及人积累下的丰富的土地表面的测量方法的记录观察，直到希腊人逐渐将其变成科学形式。

纯经验性思维的缺点是显而易见的。

1. 经验性结论大致上是正确的，且它们对实际生活有很大帮助，甚至一个精通天气的水手或猎人做出的预测可能比科学观察更准确，但是经验方法依然无法区分

导致错误的信念

什么是正确的结论，什么是错误的，因此，它往往会造成大量错误信念。其中最常见的就是"误认因果"，即因为一件事情发生在另一件事情之后，所以认为前一件事是后一件事的原因。这种方法是经验性结论的主要根源，即使结论是正确的，也大多是因为侥幸。这些"误认因果"在生活中可谓比比皆是：马铃薯只能在上弦月时种植；近海处人们相信涨潮预示着出生，落潮预示着死亡；彗星是危险的预兆；摔碎镜子会带来厄运；土方子能治疗疾病。这些都是基于经验性巧合进行的盲目判断。

无法应对的新情况

2. 如果对经验实例保持十分细致的观察，那么能证明事物之间关联的证据的可信度就越高。至今，人们所坚信的一些东西依然靠这种证据维系。比如，没有人能确切地解释为何人老了就会死，但已经有无数的事例为证，它们就摆在眼前。然而，即使是这种最可靠的信念在面对新事物时也会失败，因为它们建立在过去事例的一致性上，当经验偏离惯常先例时，这些信念就变得无用了。经验推理沿着习惯留下的痕迹前行，当痕迹消失时就无路可循了。这十分重要，克利福德就是因此发现的普通技能和科学思维之间的差异的。他说："技能使一个人能够处理他以前遇到过的相同情况，科学思维却使他能够处理他以前从未遇到过的不同情况。"他甚至将科学思维定义为"将旧有的经验应用于新的情境"。

3. 人们还没有认识到经验法则中的有害特征，如思维惰性、懒惰、专横、教条主义。它们对思维的普遍影响甚至比它们导致的具体的错误结论更为严重。当形成推论的主要依据是过去经验中观察到的联结时，人们往往会夸大那些成功的案例，而忽视失败的案例。由于思想需要一些连续性原则，一些连接不同事实和原因的纽带，导致人们会武断地杜撰出这种纽带。因此，古人将无法解释的现象统统诉诸荒诞的神话传说。水泵能抽水是因为自然不喜欢真空状态；鸦片使人入睡是因为它具有镇静作用；人总能回忆起过去的事件是因为人有记忆的能力。在人类进步的历史长河中，经验主义的第一阶段就是神话传说；"隐藏的本质""神秘力量"则标志着第二阶段。由于它们的本质就是"神秘"的，所以人们可以不究其"原因"，因为虽然这种解释不能被证实为真，但也不能被证实为假。这便是传统信条的由来。当这些信条被一代代传下去时，就演变成不可撼动的教条，更扼杀了随后的探究和反思。

　　某些人逐渐成为这些教条的守护者，即传承者（教育者），他们传授已确立的信条。质疑信仰就是质疑权威；接受信仰就是对当权者的忠诚，可以被认为是国家的良好公民。顺从、默许，成为最基本的智力美德。接着种种新奇的和多样的事实和事件被人们完全忽视，或被削减至符合习惯信念的普洛克路斯忒斯之床。他们会引用古老律法和大量杂乱无章的案例来压制所有的探究和怀疑。长此以往，他们开始厌恶一切变化，而这种厌

懒惰、专横、教条主义

恶对进步而言是致命的。那些新冒出的不适应被已确立
为规范的东西驱逐；探索新发现的人被迫害。也许最初
的信念是普遍观察后的产物，然而当它们一旦被确立为
传统和神圣的信条，它们就成了依靠权威被动接受的思
想僵化之物，而后与权威所认可的幻想式的概念混为
一谈。

二、科学方法

用科学方
法分析当
下实例

　　与经验方法相对应的是科学方法。科学方法通过发
现一个全面的事实来取代单独事实的重复连接或巧合，
通过将粗糙的观察事实分解为许多微小的过程来实现这
种替代，这些过程不可直接感知。

　　如果一个外行被问及为什么操作普通的水泵，能
将水从水箱中抽到高处，他无疑会这样回答："因为吸
力。"他将吸力看作一种类似热量或压力的力量。如果
你接着问他，为什么在使用吸力泵时，水通常上升约
33 英尺 ①，他也会很容易地回答这个问题，他会以各种
力量的强度不同，当到达极限时就不再发力了。他不知
道的是，水能够被抽送到的高度是随着海拔的增加而变
化的。对于这一事实，人们往往选择忽视，即使注意到

_____

① 　1 英尺 ≈ 0.305 米。

了，也往往错误地认为自然界本就充满各种奇怪的事。

现在，科学家的工作不再将被观察的物体看作一个 科学方法的
差异性
单一独立体，而会把它看作一个复杂的综合体。因此，
科学家试图将水在管道中上升这个单一事实分解为许多
较小的事实。科学家的处理方法是逐一变换各种条件，
然后注意当某个条件被消除时会发生什么。有两种方法
可以自由变换条件。第一种是扩展观察经验，即仔细比
较在不同的偶然条件下发生的观察结果。这样，很容易
会发现，在不同海拔高度上，水的上升情况也是有差异
的；在海拔相同的地方，水的上升高度不会超过 33 英
尺。这样，水上升不超过 33 英尺的事实就不会被忽视，
而是引起重视。重视的目的是找出产生这种效果的特殊
条件以及不能产生这种效果的条件。然后，这些特殊条
件被替代为事实，或被视为能理解它的关键线索。

通过比较案例进行分析的方法是有严重限制的，尤 创造差异
其在收集到一定数量的多样化案例之前，它无法做出任
何结论。即使有了不同的案例，也很难确定这些案例在
关键点上呈现的不同，是否能为阐明问题提供线索。这
种方法是被动的，需要依赖外部偶然性。因此，积极主
动的实验方法更为优越，这也是第二种方法。即使少量
观察也可能引发一种解释——假设或理论。在此基础上
进行思考，科学家可以有意改变条件并观察结果。如果
经验观察让他想到是否空气存在压力与管道中的水是否
上升之间可能存在某种关联，他会立刻想到将容器中的

空气排出，或者有意增加大气压力再观察结果。科学家通过实验计算海平面和各个高度的空气重量，并将基于这些不同重量的空气对一定体积的水产生的压力进行推理，并将得出的结果与实际观察到的结果进行比较。基于某种观念或理论，然后变换条件再进行观察，这就是实验。实验是科学推理中的主要资源，因为它有助于从整体中筛选出重要的元素。

回到分析与综合

实验性思维或者科学推理，是一个分析与综合相结合的过程，或者用不太专业的语言来说，是辨别和吸收的过程。当抽气阀开启时，水上升这个事实被辨别为许多独立的变量，其中一些是以前从未被观察过的。其中大气的质量被拎出来，视为整个现象的关键。这个过程就是分析。但是大气及大气压或质量并不局限于这个单一的实例中。许多事实中能发现它们的存在和作用。人们把大气压与抽水现象相关联，从而将抽水泵现象与之前孤立的一整组普通事实相融合。这种融合构成了综合。抽水泵被看作与虹吸管、气压计、气球上升以及许多其他一开始看起来毫无联系的事物的同属类型。这是科学思维合成或吸收阶段的另一个实例。

如果思考科学思维相较于经验思维的优势，那么现在已经找到了以下线索。

减轻误差责任

1.增强了安全性，增加了确定性的因素。因为用大气压这一具体事实取代了吸力这一相对综合杂乱的事实。后者很复杂，其复杂性源于许多未知和未指定的因素，因此，关于它的陈述多少有些随意，并且很容易被一些始料未及的变数击垮。至少相对而言，大气压这个细微、详细的事实是一个可测量的事实——一个被挑选出来，明确地加以处理的事实。

2. 正如分析解释增强了确定性一样，综合解释说明了如何应对新奇多变的情况。重力是一个比大气压更普遍的事实，而大气压又比吸力泵的运作更为普遍。能够用普遍和频繁出现的事实代替相对罕见和特殊的事实，就是将看似新奇和例外的情况归结为普遍和熟悉的案例，从而做出解释和预测。

正如詹姆斯教授所说："把热量看作是运动，那么有关运动的任何真理都应适用于热量，但我们相较于热量而言，对运动的经验更为丰富。把光线穿过透镜看作是光纤对于垂直折射的案例，你就可以列举出种种日常所熟悉的概念去套用这一相对陌生的概念，这时你就真正理解透镜了。"

3. 从信赖传统、惯例和习俗的态度转变为以智能调节现有条件实现进步，这显然是科学实验方法引发的反应。经验主义方法会放大过去的影响，实验的方法突出的是未来的可能性。经验主义方法认为"等到有足够数量的案例时再行动"；实验方法认为"不如创造案例"。前者依赖大自然偶然呈现给人们的某些情况的结合；后者则有意识、刻意地努力促成这种结合。通过使用这种方法，进步的概念获得了科学的认可。

管理新业务的能力

对未来或发展有兴趣

自然力量对
逻辑力量

一般经验在很大程度上受各种事件的直接影响。明亮的、突然的、响亮的事物总是容易引起注意并被赋予显著评价；暗淡的、微弱的、持续的事物则容易被忽视，或被视为不重要的存在。习惯性经验总是喜欢用当下判断影响思维，而从不考虑长远的重要性。没有预测和规划能力的动物必须要对当下最紧迫的刺激做出反应，这是它们的生存法则。当思维能力发展起来时，这些刺激并没有失去它们原本的紧迫性和强烈性，只不过思维要求这种即时的刺激必须服从遥远的刺激。微弱、细小的事物可能要比明显、庞大的事物更为重要。因为庞大的事物可能预示着力量已经耗尽，弱小的事物则暗示着某个事件才刚刚开始。科学思维的首要条件是思考者从感官刺激和习惯的绑架中解放出来，且这种解放是思维进步的必要条件。

从流水中得
到的启示

反思以下引文："当思考首先意识到流动的水具有与人力或畜力相同的特性时，即它具有推动其他物体运动、克服惯性和阻力的特性时（人们一看到溪流，就想到了它和人力、畜力具有相同的价值），那么人类可用的原动力中便多了一位新成员，甚至在一定情况下，这种力量还可以替代其他力量。现在看来，这是可以轻松理解的，因为水车和漂流木筏的作用原理已经司空见惯了。但如果我们把自己置身于早期的思维状态，看到水时，只想到它是一种闪着光的、潺潺流动着的、不定期的会扰乱我们心智的东西，那么绝不可能把它和牲畜的肌肉力量等同起来。"

如果再加上各种社会习俗和期望，它们又固定了个　　**抽象价值**
体的态度，那么再把自由和富有创意的联想置于经验考
虑之下，就显得有些不合适了。人们在解放自己去追随
富有成果的联想之前，需要有一定的抽象能力，需要有
意识地远离该情况的惯常反应。

总之，经验可以被解释为与经验主义或实验主义有
关的东西。经验并不是僵化、封闭的，它是生动的，是
在不断积累的。当经验被传统、惯例和习俗主导时，经
验就成为与理性和深思相对立的东西。经验也包括让我
摆脱感官、欲望和传统限制的反思。经验可以欢迎并吸
收最精确和深刻的思想发现。事实上，人们可以将教育
的任务定义为对经验的解放和拓展。教育的干预应该更
早一点，在个体还具有可塑性时接手，在个体被孤立的
经验导致思维僵化之前，都可以改变他的思维习惯。童
年是天真的、充满好奇的、具有实验性的，因为在儿童
眼中，人类和自然世界是全新的。正确的教育方法恰巧
能保留并完善这种态度，从而为个体节省很多宝贵时
间，去很快了解种族缓慢的发展进程，杜绝那些由过去
的思维惰性造成的教育浪费。

第三部分　思维的训练

第十二章
活动与思维训练

　　本章将把之前讨论过的关于活动与思维的论述集中起来，我们将大体按照正在展开的人类发展顺序详细探讨。

一、活动的早期阶段

　　看到一个婴儿，人们往往会提出这样的问题："你觉得他在想什么？"单就这个问题本身，是无法得到详细回答的，但至少可以确定婴儿的主要兴趣。婴儿最想解决的问题是掌控自己的身体，以便能自如地适应社会环境。他们必须快速学会看、听、伸手、触摸、保持身体平衡、爬行、行走等事情。人类虽然比低等动物拥有更

宝宝的问题展示了他的思路

多的本能反应，但本能倾向不像动物那么完美。在大多数情况下，如果没有人引导，人类的本能反应几乎没有什么用处。刚刚破壳而出的小鸡，几次尝试后便能用嘴啄食物，用爪抓食物，这套动作并不简单，它牵涉眼睛和头部的协调。而婴儿呢？到几个月大，甚至都不能准确地拿起眼睛看到的东西。即便做到一次，也需要特别训练几周时间来提高抓取动作的准确度。婴儿想要抓月亮，那绝对是天方夜谭，因为即便是抓取手边的东西，他们也需要练习很多次才能成功。手臂在眼睛的刺激下会本能地向前伸出，这是前提，但能不能准确抓到，需要婴儿观察和选择最成功的动作，再根据目标安排这些动作。这些有意识的选择和安排就构成了思考，尽管它是一种基础类型的思考。

对身体的掌控关乎智力发展

掌控身体的技能对婴儿后续的发展至关重要，因此这既有趣又重要，而且解决它们又能真正地训练思维能力。婴儿在学习如何运用自己四肢的过程中，逐渐地将所见转化为所触，将声音与视觉连接，将视觉与味觉、触觉联系起来，以及出生后一年半内智力的突飞猛进，足以证明婴儿对身体的掌控，不仅是身体本身发展的结果，更是思维成长的结果。

最初的社会判断和社交

婴儿生下来的最初几个月，主要忙于学习如何运用自己的身体适应舒适的物理条件，并熟练有效地使用物品，以适应环境，这是非常重要的。婴儿在与父母、保姆、兄弟、姐妹的互动中，学会了满足食欲、缓解不适，还愉快地接受了外界的光线、颜色、声音等。他与物理事物的接触是受到人为干预的，因此，很快他便将人视为他必须交往的对象中最重要、最有趣的那个。然而，很快他会发现语言，即将听到的声音准确地配合舌头和嘴唇发出是适应社会的重要工具。通常，婴儿在出生后的第二年，便学会了语言，从而将自己的活动与周围人的活动有效地适配，这在很大程度上奠定了其日后的心智生活。通过观察、理解，以及模仿他人的行为，婴儿的活动范围便得到扩展，而这种模仿就塑造了他从出生后四五年内的心智生活。可能已经有数年、几代人、几个世纪重视并致力开发出一种围绕孩子成长的职业或成年人的典范。然而，对孩子来说，自然环境中的直接刺激无时无刻不在吸引他们的眼睛、耳朵和触感。当然，婴儿无法通过感官直接获取它们的含义，但至少可以根据这些刺激做出反应，这就使他们不得不把注意力集中在更高级的材料和问题上。所谓"前人栽树，后人乘凉"，如果没有这个过程，人类文明的故事将湮灭在历史长河中，每一代人都不得不被打回原形，从原始状态重新摸索。

模仿是成年人活动的一种方式，模仿带来的刺激是如此有趣、多样、复杂和新颖，以至于能迅速促使思维进步。然而，单纯的模仿并不能引发思考，如果人们像鹦鹉学舌一样简单地复制他人的外在行为，就永远不必思考了。即便单纯掌握了模仿的行为，人们也可能对

社会判断导致模仿，但并非由模仿而生

143

事情茫然无知。教育家和心理学家经常假设，模仿仅仅是重复他人的行为。但是，婴儿很少通过有意识的模仿学习，或者说婴儿的模仿是毫无意识的。其他人的话语、手势、行为、职业与婴儿已经具备的某种冲动相吻合了，并建议某种令人满意的表达方式，以某种可以实现目标的方式结束。在有了自己的目标后，婴儿就会像注意所有事一样注意他人，以期进一步获得实现目标的手段。通过长时间的观察，婴儿选择了一些手段去勇敢尝试，尝试的结果或成功或失败，或坚定他们的信念，或削弱他们的信念，而后再重新选择、安排、调整、测试，直到达成所愿。旁观者观察到婴儿开始照猫画虎地学习成年人的一举一动，于是得出结论：这是通过模仿获得的。事实上，这是通过注意、观察、选择、实验和判断获得的。就是因为采用了这种方法，才产生了智力训练的成果。成年人活动之于孩子的智力发展，就是这样举足轻重。成人的活动在自然刺激的基础上增添了更准确地适应人类需求的新刺激，这些刺激更丰富、更有组织、更复杂，需要更灵活的适应性，因此能引发更为新奇的反应。而在利用这些刺激时，婴儿所使用的方法与他强迫自己掌控自己身体的方法有着异曲同工之妙。

二、玩耍、工作和相关活动形式

当孩子把玩具当作符号，而不仅仅是简单的物品时，玩耍就已经超出简单的身体活动，上升为一种心智游戏了。比如，一个小女孩弄坏了她的洋娃娃，却用坏掉的洋娃娃的腿进行其他游戏，如给它洗澡、哄睡和爱抚。孩子喜欢将事物的局部当作整体来玩耍，如孩子经常把石头当作桌子，把树叶当作盘子，把橡子当作杯子来玩过家家。通过玩具，孩子创造出了一个意义丰富的世界，这些意义既来自自然界，也来自社会。当他们玩骑马、玩买卖、玩过家家或玩打电话等游戏时，他们实际上是在将物品的物理存在转化为隐含的意义。通过这种方式，他们建立了一个充满意义的世界和一套概念，这对智力发展至关重要。

玩耍对活动的支配

这些意义不仅令人熟悉，而且被巧妙地组织和串联起来，形成一种相互关联的结构。在孩子的世界里，游戏与故事巧妙地交织在一起。即便是最富创意的游戏，也很少会丧失各种意义之间的逻辑联系；即便是最自由形式的游戏，也会遵循一定的连贯性和统一性原则。它们都有一个开端、一个发展和一个结局。秩序和规则贯穿游戏整个过程，将各种次要行动紧密地联系在一起，形成一个完整的整体。大多数游戏和比赛涉及的节奏、竞争、合作带有一定的组织性。因此，柏拉图和福禄贝尔观察到并重新确认的那一发现，即在幼儿晚期，玩耍几乎是他们主要的学习方式，就显得不神秘，也没有那么不可思议了。

玩耍的态度　　当人们以调侃的眼光看待世界时，其实是在展现一种超越常规的心态。这种心态不受物质限制，也不拘泥于事物的字面意义。就像孩子把扫帚当马骑、把椅子当成车一样，物体本身并不重要，重要的是它们能激发出无限可能性。调侃给予了人们一种自由，让人们超越现实，创造出属于自己的世界。需要注意的是，调侃也有可能变成一场虚无的幻想，让人远离现实世界。因此，将调侃的心态转变为实际行动至关重要。在这种心态下，人们可以看到事物的更多层面，发现其中的潜力，而不局限于表面现象。

工作的态度　　何为工作？工作不仅仅是一种外在表现，更是一种心智上的态度。它代表着一个人不再满足于被动地模仿事物的意义，而是追求意义与行动的契合。随着年龄的增长，孩子开始感到虚幻的遐想游戏只是一种逃避现实的方法，再也无法满足他们，也不能再激发令人满意的心智反应。这时，孩子会认为事物的意义必须与事物本身保持一致，会考虑它们之间的契合度。这时，一辆具有"真实"轮子、车身和方向盘的模型车，比简单地假装什么是车子要更具意义。偶尔摆放一张带有真实餐具的桌子，比把一块平凡的石头当桌子、树叶当餐具更有

意义。孩子的兴趣可能仍然集中在意义上，但他们认为
事物的重要性在于扩展其意义上，即事物越有意义，越
重要。游戏的态度正是如此。但是意义的性质已经改
变，它必须能在现实事物中找到适当的体现。

对照词典中的定义，人们无法将这一活动称为工
作，然而，这些活动实际上标志着游戏向工作的过渡。
对于工作（作为一种心态，而非简单的外在行为）而言，
它意味着通过运用适当的材料和工具，对一个意义（建
议、目的、目标）在客观形式中得到适当体现的兴趣。
这种心态利用了从自由游戏中激发和建立起来的意义，
但同时通过确保它们与事物可观察结构的一致性来引导
其发展。

这种游戏和工作之间的区别可以通过不同的方式来
澄清。在游戏中，人们的兴趣在活动本身；在工作中，
人们更关注活动的结果。这并不意味着两者之间存在着
尖锐的矛盾，而是强调了活动中的连续性和活动带来的
成就感。在游戏中，人们可能更多地专注活动的过程；
在工作中，人们可能更注重活动的目标和结果。无论是
在游戏还是工作中，对活动本身的兴趣都可能存在，但
在工作中，这种兴趣可能更多地源自活动带来的成就感
和实现目标的过程中获得的乐趣。

在错综复杂的教育实践中，游戏态度和工作态度
的理论常常与校园生活的现实发生冲突。更为真实的观
点是，坚持可分辨出更为正确的观点，可能被误解为过

度苛求。在幼儿园和小学中，游戏和工作的区分更为明显，这证明理论上的差异确实对实践产生了影响。在所谓的"游戏"范畴中，幼儿园的活动往往被过度象征化、感性化，甚至变成了毫无目标、任意而为的行为。相较之下，小学的活动更多地偏向工作范畴，包含许多严格规定的指派任务。可以说，前者缺少目标，后者的目标看起来又遥不可及。只有教育者意识到了这一点，而孩子只能被动接受。

孩子在成长过程中需要逐渐深入了解周围世界，明确目标和后果，并学习足够的技能实现这些目标。如果这些目标不能在早期的游戏体验中逐步引入，而是被迫在后期突然引入，往往对孩子的发展十分不利。因此，在教育实践中，平衡游戏和工作至关重要，只有这样，才能使孩子得到全面发展。

想象和使用的错误想法

游戏和工作的对立，通常与对实际效用和想象力的错误观念有关。传统教育往往将参与家庭和社区事务贬低为单纯的功利主义，即认为洗碗、布置餐桌、做饭、剪裁布娃娃衣服、用锤子和钉子制作能装东西的盒子，以及打造自己的玩具，都不利于审美和鉴赏能力及想象力的发展，并导致孩子的发展受制于物质和实际考虑；而象征性地再现飞禽走兽、模仿人类父母和孩子、工人、商人、士兵和法官的家庭关系，能确保心智得到自由训练，不但能促进孩子的智力发展，还具有极高的道德潜力。甚至有人认为让孩子在幼儿园学习种植和照

料植物生长，就是过于注重身体的实用价值；而戏剧性
地再现种植、耕作、收割等行为，不使用实际材料或象
征性代表物，能有效提高孩子的想象力和鉴赏力。他们
甚至禁止孩子玩娃娃、火车、船和发动机等玩具，而是
用立方体、球体和其他符号代替这些社会活动。也就是
说，物体越是远离它的想象用途，如用立方体代表船，
越能激发孩子的想象力。

这种思维方式存在以下几个误区。

1. 健康的想象力并不是沉湎于虚幻，而是将潜在
的想法转化为现实。它的作用不是让人们迷失在幻想和
理想中，而是帮助人们拓展现实，丰富生活。对孩子来
说，日常活动并不仅仅为了实现物质目标，更为了展现
一个充满奇妙、未知的世界。这个世界那么神秘又充满
希望，孩子通过模仿成年人的行为在其中探索成长。在
成年人看来，这个世界可能已经变得平平无奇，但对孩
子而言，它承载着重要的社会意义。参与其中就是在想
象力的引导下创造出比孩子现有经验更为宝贵的体验。

实现不存在和重要想象的一个媒介

2. 有时候，教育者会误以为孩子对某种伟大的道德
或精神观念做出了反应，但其实孩子的反应更多的是出
于生理和感官上的刺激。孩子在戏剧方面有着丰富的想
象力，举手投足间，会让成年人误以为他们受到了某种
高尚品质的启发，但实际上孩子只是受到了短暂刺激的
影响。试图让孩子理解超出他们实际经验范围的伟大真
理是不现实的，这样做只会让他们越来越喜欢追求瞬间

有过经验，才能符号化

的刺激。

**有用的工作
不一定是必
须的劳作**

3.就像有些人总是反对玩游戏，他们觉得游戏只是为了消遣；还有些人反对参与直接有用的活动，这又将游戏和劳动混为一谈了。成年人都知道，只有负责任的工作才能带来与之相匹配的经济成果，所以他们会寻找恰当的放松和娱乐方式。对孩子来说，他们并不像成年人那样能很好地区分工作和玩乐。所以，无论何种事情，只要能直接吸引他们的注意力，他们就会去做，而不考虑经济成果，所以他们的生活更简单、更健康。由于孩子不用考虑实用价值，所以要求孩子去完成那些既不容易也不能带来愉快的工作就不容易了。决定一件事情是实用的还是有趣的，并不取决于这件事本身，而取决于参与者的心态。

三、创作性作业

**科学的发展
源于职业**

纵观整个人类文明史，人类科学知识和技术能力的发展源自生活中的实际问题。比如，解剖学和生理学起源于保持健康的实际需求；几何学和力学起源于测量和建造的需求；植物学起源于医学和农业需求；化学则与染色、冶金等产业相关。总之，现代工业主要是应用科学的产物，科学发现转化为工业发明，逐渐减少例行和粗糙经验主义的应用。电车、电话、电灯、蒸汽机等的出现改变了社会交往和管理方式，这都是科学发展的结果。

这些事实都具有重要的教育意义。大多数孩子非常活跃，所以学校开设了许多活动课程，这不仅仅是出于实用性的考虑，也是为了激发孩子的兴趣。这些活动包括手工训练、学校园艺、郊游和各种艺术活动。目前，教育领域迫切的问题是如何组织和整合这些课程，让它们成为培养学生机敏、坚持不懈和富有成效的思维习惯的良好工具。人们普遍认识到，孩子参与这些课程，可以利用孩子天生的好奇心，引导他们去做愿意做的事。同时，这些课程为孩子提供了展示自己、为社会做贡献的机会。所以，这种方法越来越被认可。这些课程不仅可以提示需要解决的典型问题，还可以通过个人思考和实践培养学生解决问题的能力，并为将来学习更专业的科学知识做准备。总的来说，开发智力没有捷径可走，不是单纯靠体力活动或技巧性操作就能实现的。手工课程可以像书本学科一样通过传统的教学方式来传授，然而，园艺、烹饪、纺织以及初级木工和铁工等课程需要有计划的实践，让学生在掌握植物学、动物学、化学、物理等科学知识的同时，精通实验、探究的方法（这一点更为重要）。

人们经常抱怨小学基础课程过于繁重。要想避免回到过去传统的教育方法上，重要的办法就是挖掘各种艺

从在校职业课程中获取知识

研究课程的重组

术、手工等职业技术蕴含的智力潜能，并相应地重新设计课程。所以，重要的是，找到一种方法，可以将平淡乏味的经验转化为充满创造力和启发性的实践经验。

第十三章
语言与思维训练

一、语言是思维的工具

    语言和思维之间的联系异常紧密，以至于需要特别探讨。"逻辑"一词是英语"logic"的音译，源自古希腊语"logos"（既指单词或言语，又指思维或理性），如果强调"单词或言语"就只能意味着智力的贫乏，思维的虚无。尽管教育主要依赖语言作为工具（有时也是研究对象），但教育改革者几个世纪以来对学校中语言的使用提出了严厉批评。一种观点直接挑明了语言对思维的必要性，甚至认为它们是一体的；还有一种观点认为语言可能会扭曲和掩盖思维。

关于思维和语言的关系，有三种典型观点：第一种观点认为它们是相通的；第二种观点认为语言是思维的外衣，是为了传达思维而存在；第三种观点认为，语言虽然不等同于思维，但对思考和传达思维是必不可少的。需要注意的是，语言不仅包括口头和书面语言，还包括手势、图画、视觉形象、手指动作等任何有意识地用作符号的东西。在逻辑上，这些也属于语言。

语言是思维的必要工具

语言对思维来说必不可少，因为符号对传达意义来说是必需的。思维不仅处理事物本身，更重要的是处理事物代表的意义，理解这些意义。事物如果没有意义，就会沦为盲目的刺激，或者偶然的快乐和痛苦。但意义本身又是抽象的，需要通过某种物理存在来传达，这便是符号。如果一个人想让另一个人离开房间，他的动作本身不是符号。但是，如果他用手指向门或说出"go"，这一动作就成为传达意义的方式。就符号来说，人们关注的不是符号本身，而是它们代表的意义。无论是canis、hund、chien还是dog，外在形式并不重要，重要的是它们代表的意义。

自然符号的局限性

自然界中的物体常常代表着其他事物或事件，如云代表着雨；脚印代表着猎物或敌人；突出的岩石暗示地下有矿。然而，自然符号存在着一些局限性。①物理上更为直接的感官刺激往往会分散注意力，导致人们忽略符号所代表的意义。例如，当人们指着食物给小猫或小狗看时，动物可能只会关注到手，而不是食物本身。②在只有自然符号的情况下，人们往往需要依赖外部事件的发生才能得到警示或了解可能发生的其他事件。这使得人们的警觉性受限于自然界的变化和规律。③自然符号并不是最初用来计成符号的，所以它们通常更笨重、庞大且难以管理。相反，被设计成符号的符号，则像任何人造工具和器具一样具有一定意义，即传递意义。

　　因此，为了更好地发展思想，有意识地设计符号是至关重要的。言语满足了这一需求，无论是通过手势、声音或书写，虽然都是真实存在的，但它们的真正价值在于表达意义。①无论是声音还是印刷的文字，它们的物理形式都相对弱小，不至于分散人们的注意力，也就不会影响它们所代表的意义。②它们是在人们的控制下产生的，不必等待特定的自然事件发生再制造。当人们说出"雨"这个字时，无须等待雨降临之后再进行关于雨的思索，因为"雨"本身就代表了这一意义。或者说，人们无法创造云，但可以创造代表云的符号，用它来表示云的意义。③语言符号简洁、便携且精致，使用方便，易于管理。人只要活着就会呼吸，会呼吸就会借助咽喉和口腔肌肉调节声音，这比较简单，也较好控制。身体姿势和手势也可作为符号，但控制起来比调节呼吸要困难些。这就是口头语言成为主要思维符号的原因。声音微妙易调整，唯一缺点是它的暂时性，书面文字和印刷系统弥补了这点，文字得以保留下来。

　　考虑到意义与符号（或语言）之间的密切联系，人

人造的符号

们可以更细致地注意语言在特定意义上的作用和对意义的组织：①语言与特定意义的关系；②语言与意义组织的关系。

1. 个别意义。语言符号的作用：①从原本模糊不清的混沌中选择、分离出一种意义；②保留、记录、储存这种意义；③在需要时将其应用于理解其他事物。将这些不同功能结合在一起，可以借用比喻的形式，说语言符号既像一个围栏，又像一个标签，同时是一种载体。

符号使意义更明晰

（1）很多人有过给事物取名字的经验，这个过程就像是将模糊不清的概念变得清晰和具体化。有时候，人们感觉到某种意义似乎近在眼前，却又难以捉摸，就好像它没有凝结为明确的形式。当人们用一个词语赋予其特定含义时（很难准确描述这个过程），其实人们在某种程度上限制了这种意义，将它从虚无中抽离出来，使其成为一个独立的实体。爱默生曾说过，与其只认识事物本身，不如让它知道诗人赋予了它怎样的名称，这就很好地揭示了语言的启示作用。当孩子充满喜悦地学习周围事物的名称时，这表明意义正变得更具体、更独立，与事物的互动正从物质层面转向智力层面。所以，原始社会的人们赋予语言以神奇力量，在他们看来，给事物命名就像是给事物戴上一顶王冠，给它们一个郑重的称谓。这样，就将该事物从简单的物理存在提升为一个独特且永恒的意义。知道了人和事物名称，并能将其运用自如的原始社会的人们，也就获得了掌控它们的权力和荣耀。

（2）事物来来去去、变化无踪，人们也或被动或主动地参与其中，但无论哪种方式，总有些事物无法引起人们的注意。人们与事物之间的直接感性联系是有限的。自然符号传达的意义仅限于人们直接接触或视觉感知的那一刻。然而，语言符号所固定的意义能够被保留下来，以供将来使用。即使事物本身不再存在于当下，人们仍可以使用特定的词语唤起那种意义。由于人们的思维需要储备大量的意义，语言作为保留意义的工具就显得至关重要。当然，这种储存意义的方式并不能保证永不变质，词语常常会被人为地扭曲和更改，失去其原本应有的完整意义，但这种风险是每个生物为了生存所必需承担的代价。

符号保留了意义

（3）当意义与符号分离并被固定下来时，就有可能在新的语境和情境中得到使用。这种转移和重新应用是判断和推理的关键。如果一个人仅仅认识到某个特定云朵是某场特定暴风雨的前兆，而止步于此，那么这种认识的意义不大，因为他随后不得不重复认识下一朵云和下一场雨。这样，智力就不会有累积和增长了。经验可能会形成身体适应的习惯，但不会教会任何东西，因为他无法有意识地利用先前的经验预期和调节更多的经验。能够利用过去判断或推断新的、未知的事物，意味着尽管过去的事物已经过去，但它的意义仍然以一种可适用的方式存在，并可以用来确定新事物的特性。语言

符号传递意义

157

形式就像流畅的运输工具，经由它们，意义才得以从不再关心的经验传递到那些仍朦胧、可疑的经验中去。

符合逻辑意义的组织

2. 意义的组织。当人们强调符号与意义之间关系的重要性时，常常忽略另外一层更有价值的关系，即符号不仅仅是意义的代表，还是连接、组织不同意义的工具。单词不只是某个意义的独立标签，还可以组成句子，将意义串联起来。比如，"那本书是一本词典"，或者"天上的那团光是哈雷彗星"，这些话传达了一种逻辑关系——超越了物质世界，进入了概念和属性的领域。句子、命题、判断之间存在着相似的联系，就像单词组成句子，句子构成更大的连贯话语一样。语法被认为是反映人们内在的无意识逻辑。人们思维的基础是由母语建立的，人们在使用语言时已经习惯了其中的逻辑结构，并不会意识到是在使用本族语言所特有的逻辑分类。

二、在教育中滥用语言方法

教学并不具有意义

"教授实际事物而不是教授文字"，或者"先让学生亲身体验，再传授知识文字"，这种观点实际上否定了教育的重要性，因为它把现实生活简化为纯粹的感性体验。学习的本质并非仅学习事物本身，还包括理解事物的意义，这个过程涉及符号或语言的使用，或者说涉及广义上的语言。同样，一些极端的教育改革者对符号的排斥，很可能导致知识生活的瓦解，因为知识生活存在于那些只能通过符号实现的定义、抽象、概括和分类的过程中。然而，教育改革者之间的争论也是必要的。一件事被滥用的程度与其正确使用的价值往往是成正比的。

如前文所述，符号本质上和其他事物一样，是具体的物理实体。它们之所以成为符号，是因为它们代表和隐含着种种意义。符号只有在个体经历了与这些意义相关的情境后，才能真正代表这些意义。只有当意义融入人与事物的直接互动中，文字才能够脱离特定情境并传达出特定的含义。如果仅仅为一个词赋予意义，而不与事实互动，那么这个词就脱离可理解的意义。这种普遍流行在教育中的倾向，正是改革者所反对的。此外，人们通常假设，当有一个明确的词或语言形式时，就会相应地出现一个明确的概念。然而，在实际生活中，成年人和孩子都有能力使用明确的语言表达，却对自己所说的含义模糊不清。真正的无知反而是更为有益的，因为它通常伴随着谦逊、好奇和开放的心态；反复的陈词滥调、废话连篇、熟悉的命题，就像糖衣炮弹，只会让人误以为自己富有学问，从而故步自封。这对思维来说才是致命的。

从事物中分离出来的词并不是真正的符号

尽管新的词语组合可能会带来新的想法，但这种可能性是有限的。思维惰性和惯性会让人接受周围流行

语言抑制人的探索和思考

的观念，而不去深入探究和验证。或者，有些人会动用思维去核实他人的观点，但不会继续深入下去。他人的观点通过语言表达，成为个人思想的替代品。语言研究和方法有时会阻碍人类思维达到新的高度，阻止新的探索和发现，将传统权威置于自然事实和法则之上，导致个人依赖他人的经验而活，像寄生虫一样。这就是改革者一直以来对过分强调语言重要性的人进行批评的根源所在。

最终，最初用来表达思想的词语，经反复使用变成一种简单的计数器，或者说变成可以根据某些规则进行操作或通过某些操作进行反应的物理实体，而无须认识它们本身的含义了。斯托特先生指出："在很大程度上，代数和算术符号仅被用作代用符号……只要可以从所象征的事物本质中得出固定而明确的操作规则，就可以使用这种符号，以便在操作符号时不再参考其意义。一个词是用来思考其所表达意义的工具；一个代用符号是一种不去思考其所象征意义的手段。"这个原则同样适用于普通词汇，就像代用符号一样，也能使人们在不必多加思索的前提下，利用含义获得结果。这种不用思考的符号在很多方面对人们大有裨益，因为它们代表着熟悉的事物，这就使人们可以把注意力更多地集中在新颖的、需要有意识解释的事物上。尽管如此，学校仍旧重视技术能力是否能熟练地产生外部结果，而没有充分利用这种优势，甚至有把优势变为劣势的风险。在运用符号时，如果只要求学生通过熟练背诵获得正确答案，或者让学生遵循公式分析解答，学生就会潜移默化地养成机械性的思维，而不知道什么是深思熟虑，因为口头的记忆取代了对事物意义的探究。这种危险也许才是人们最应该担心的问题。

三、语言在教育中的应用

语言与教育之间存在着双重关系。一方面，语言在学习和学校中扮演着重要角色；另一方面，语言本身也是一门独立的研究学科。我们重点考虑的是语言在日常使用中的作用，因为它对人们的思维方式有着深远影响，远比有意识的学习更为重要。

常言说："语言是思想的表达。"这句话只说对了一部分，但这就有可能导致全盘误解。语言的首要动机是通过表达欲望、情感和思想影响他人的行为，但这起初并不是有意识的；其次动机是与别人建立亲密社交关系；语言作为思想和知识的载体，这是之后才发展起来的，也是第三个动机。这种对比可以在约翰·洛克的观点中找到对应，他认为词语有着"民用"和"哲学用"两种功能。"民用"意味着在日常生活和交流中传达思想和观念，支持日常对话和文明活动；"哲学用"则是用

语言并不主要用于思维

词语传达精确概念，表达确定的真理。

要把语言转变为思维的工具

　　教师在教授语言时面临着一项重要挑战：如何将语言的日常社交用途与思维用途区分开来。教师希望学生能够运用语言传递知识、拓展思维，而不仅停留在表达实际需求和社交互动的层面上。该如何平衡鼓励自发表达的生动性与培养语言成为精确思维工具的两种需要呢？

　　这个挑战并不简单。教师需要逐步引导学生改变语言习惯，使之更准确、更灵活。如何让学生从追求日常便利语言的使用习惯上转变为追求精确概念表达的习惯上呢？关键在于三点：①扩充学生的词汇量；②加深学生对专业术语的准确理解；③培养学生连贯论述的能力。

扩充词汇量

　　1. 扩充词汇量。扩展词汇量需要通过学生接触更广泛、更有智慧的人和事来实现，也可以通过从上下文中收集词汇的不同含义来实现。无论怎样，掌握一个词的含义，都需要运用智慧进行选择和分析，这样可以在未来的智力活动中更好地使用这些含义或概念。人们掌握的词汇通常分为被动词汇和主动词汇。被动词汇是指能够理解但不一定能够主动使用的词汇，主动词汇则是能够智慧地运用的词汇。被动词汇的数量通常比主动词汇多，这可能暗示着在思维面前，个人力量是有限的，容易陷入一种思维惰性。未能主动使用但仍然理解的含义可能表明了人们对外部刺激的依赖，以及缺乏智力的主动性。这种思维惰性在一定程度上可能是传统教育造成的结果。学生通常会尝试使用他们学到的新词，但当他们阅读量增加后，就会接触到许多平时不会使用的术语，然后使用新词的机会就会减少。这对学生来说，可能是一种压抑，甚至可能导致学生心智停滞。此外，如果不积极地使用词汇来表达思想和传递观念，可能会导致对词汇的含义不明确、不完整。

学生词汇量有限，可能是因为经验有限，接触范围狭窄，也可能是因为粗心或模糊不清。随遇而安的心态会让人避免清晰地区分来自感知上的和语言上的差别。词语被泛泛地使用，模糊地指代事物，思维就会倾向于模糊不清。在说话时，似乎都可以随便说说，如"这个……那个……""什么……什么……"之类的，思维就更加含糊不清了。和学生交往的人如果词汇匮乏，加之学生缺乏阅读材料，都会让学生的心智越来越狭隘。

局限于词汇量，导致思维松弛

人们需要意识到，流利表达和语言运用能力之间存在着差异。说话多并不一定意味着词汇量丰富；滔滔不绝也并不一定能在即兴演讲中应付自如。个别学校缺乏必要的教学资源和设备，除了教科书几乎没有别的选择。这就大大限制了学生扩大词汇量的需求。在学校学到的词汇往往是孤立的，与学校外社会流行的想法和词汇的使用范围缺乏有机联系。因此，有时候，在学

支配语言包括支配事物

校积累的词汇量只是名义上的增长，反而容易助长思维惰性。

笼统的词汇　　2. 词汇的准确性。通常，词语的本义大多是泛泛之谈，因为它们源自对事物的肤浅了解。比如，小孩子可能会把所有男人称为爸爸；当小孩子认识狗之后，可能会把第一次见过的马称为"大狗"。这种对基本含义的模糊理解会导致他们无法区分出彼此相距甚远的事物。比如，对多数人来说，树都是树，最多只能区分出落叶树和常绿树，或者只能认出一两种树。如果总是保持这种模糊、含糊的理解，将严重阻碍思维的进步。意义太过广泛的词语，只不过成了笨拙的工具，因为它们模糊的指代会让人们混淆本应该区分的事物。

词语从模糊的本义向精确的含义发展，通常有两个方向：一个是朝着代表关系的词语发展；另一个是朝着代表高度个性化特征的词语发展。第一个方向离不开抽象思维，第二个方向离不开具体思维。据说，澳大利亚的一些土著部落没有动物和植物这两个词汇，但他们给周围的每种植物和动物都命了名。这种细致程度代表了思维的进步，标志着词汇意义越来越趋向于精确，同时存在着特定属性被区分出来。另外，学习哲学和自然社会科学的学生往往会陷入一种只学到了一大堆的术语，而缺少一些与之相对应的、能表示个体特性的词语的境地。例如，学生常用因果关系、法律、社会、个体、资本等相关的术语。

在语言的发展历史中，在文字意义变化的基础上，词汇得到了两方面的发展：一方面是词义的缩小，本义范围很广的，被逐渐细化，直到变成只表示个别意义的词语；二是词义的扩大，本义用来特指的，变成了表达更多关系的词语。比如，"vernacular"（本土语）这个词是从"verna"发展来的，指在主人家中出生的奴隶，后来泛化为本土语。又如，"publish"（出版）这个词的含义也经历了一番变化，从最初指任何形式的交流扩展到通过印刷传播信息，不过该词在法律条款中仍保留着更广泛的含义。"average"（平均）这个词最初指企业中按比例分摊船只的失损，如今含义也得到了泛化。

为了改变词汇的逻辑功能而改变意义

这些词语的历史沿革有助于教育者理解随着个体理智的增长而发生的变化。在学习几何学时，学生需要学会如何将线、面、角、圆形、正方形等这些熟悉的词语的含义区分为狭义和广义两方面意义。狭义，即将词语意义缩小到几何论证中的精确含义；广义，即涵盖普通用法中未表达的泛化关系。这时，颜色、大小等特性需要排除在外，而方向、方向的变化、界限的关系等必须明确把握。这样，在几何学中，线的含义就不代表长度的意思了，而仅指一段线。每个学科都会发生类似的转变。这样一来，也存在一个危险，即简单地用新的孤立含义覆盖常见含义，而不是将普及和实用含义转化为逻辑工具。

用有明确意图的专业术语表达一个概念，且这个

术语的价值

概念具有完整、唯一的意义，这就是专业术语。在教育领域，专业术语指代相对的事物，而非绝对的事物。术语之所以具有专业性，不是因为其词汇形式或其不寻常性，而是因为它被用来精准地界定一个概念。当普通词汇被有意地用于这一目的时，就显现出它的专业性质了。当思维更准确时，相对专业性的词汇就会出现。教师在使用专业术语方面通常会陷入两个极端。一个极端是教师认为需要大量引入专业术语，再加上口头描述和定义，就好像学会了一个新术语就等同于掌握了一个新概念。但这种方法容易导致单词堆积，产生术语或专业术语，以及阻碍判断力，这时就会走向另一个极端。假如摒弃专业术语，即使还使用名称词语，但它也不是名词了；同样，行动词语也不是动词了；学生可以用"拿走"，却不能用"减法"；可以算出四个五是多少，但不能说四乘以五等于多少；依此类推。这将导致产生一种正常的本能反应——对那些表面有意义但实际无意义的词汇感到厌恶。然而，问题的根源并不在于词汇，而在于概念。如果不能理解概念，使用更为熟悉的词语也毫无裨益；如果理解了概念，使用准确命名它的术语有助于明确定义此条概念。应当谨慎引用表示高度精确意义的术语，每次少用，然后逐步引用，并努力追求其意义一直保持精准。

连贯讲话的重要性

    3. 叙述的连贯性。语言既能选择合适的意义来表达，又能连接词汇并组织意义。每个词语在特定的语境中承担特定含义，因此，句子中的每个词都有其独特的作用，而句子和句子又构成了更大的故事、描述或推理。语言的连贯性和排列对有效沟通至关重要。然而，一些学校的实践工作可能会打破语言的连贯性，并干扰系统性思考的过程。

（1）教师通常会主导课堂的连贯叙述，学生则往往用简短的词语或零碎的句子回答问题。教师会包揽讲解的详细内容和结论，学生只须提供一点线索，教师会立刻给予肯定，然后进一步展开讲解，代替学生表达他们应当表达的意思。这种教学模式往往会限制学生自主思考和表达的空间，损害他们的思维能力。

（2）授课的时间太短，为了填充课堂时间而进行过于琐碎的分析性提问。这样的做法在历史和文学等学科中尤为突出，因为材料往往被分析得过于细致，导致材料原本的整体意义被破坏。实际上，这么做，整个主题就像被拆解成一系列同等重要但又毫不相关的细枝末节，打破了教材的平衡，造成主次不分，失去意义。教师甚至很少意识到这一点，因为他们的头脑里装着的是完整的意义，也认为传递给了学生，但实际上学生所看到的只有一堆零散的碎片。

（3）过分追求避免错误而非发展能力，常导致学生思维和语言表述的不连贯。那些满怀求知欲的学生，有时会过度关注微小错误，导致浪费了本该用于建设性思考的精力，甚至在极端情况下，他们会为了避免错误而变得十分消极。这种倾向在写作和主题探讨时尤为突出。更有甚者，鼓励孩子写简短的句子，题目也尽量小一点，这样才能减少出错的概率。在高中和大学，教师的写作教学有时竟演变成对错误的检测和指正。这样，学生的写作热情就逐渐消耗掉了，也不再有兴趣思考怎么才能更好地表达自己的思想。必须说什么和有什么要说的，是两码事，长此以往，学生的自我意识就遭到了限制。

第十四章
观察与思维训练中的信息

思考是按照一定顺序整理主题材料以发现意义或指导行动的过程。就像消化需要吸收食物一样，思考需要有条不紊地呈现主题材料。如果提供的材料太多或太少，或者呈现得太混乱、太零散，都会对思维产生负面影响。个人的观察和他人传达信息的方式是获取主题材料的关键途径，可以说，这个过程能适当进行的话，逻辑思考就成功了一半。因为观察和学习知识是人们获取信息的方式，直接影响着人们的思维方式。这种影响往往很深远，有时候人们并不自觉，就像吃得不够营养、吃得太多或者饮食不均衡都会影响消化一样，如果教材处理不当，也会对人们的思维习惯产生类似的影响。

不熟悉事实，不进行思考

一、观察的性质和价值

教育改革者对过分强调语言的做法提出了批评，并主张个人直接观察是更好的选择。他们认为，现在过于注重语言因素，会导致人们错失直接了解真实事物的机会。因此，他们主张通过感觉和知觉来弥补这一缺失。然而，有时候这种热情可能会忽视观察的教育意义，把观察本身当作终极目标，而忽视了观察背后的目的。他们错误地认为，观察应该是教育中首要发展的能力，然后才是记忆和想象力，最后是思维能力。然而，前文的讨论已经揭示了这种观点的错误性，它忽视了人与事物互动时所涉及的更深层面的东西。换言之，简单而具体的思维并不是人与事物互动的全部。

1. 每个人都有一种类似好奇心的渴望，即想要扩展与人和事物的联系。艺术馆里禁止触摸的标志表明，很多人不满足于仅看见，他们更渴望的是亲身接触，以满足对陌生事物的好奇。这种需求不仅是为了观察，更是为了更全面地了解和实现自我。这种渴望是出于对社会性和审美的共鸣，而非出于认知上的满足。尽管孩子们特别热衷于这种体验，但即使是成年人，只要日常琐事没有磨灭他们的热情，他们依然会保持这种特质。兴趣一旦得到满足，就会将看似毫无联系和用处的事物联系起来。虽然，它们是出于社会性和审美需求的，且不完全是智力活动，但它们为更深入的思维探索提供了自然媒介。一些教育家认为，应该培养小学生对自然的热爱和对美的欣赏，而不是仅停留在培养分析探索精神上。另一些教育家则认为，教育应该让小学生多多种植花草、饲养小动物。这两种建议均出于经验之谈，而非单纯的理论宣讲，但它们很好地诠释了刚才提到的观点。

2. 在人们学习和成长的过程中，起初都会非常关注感官活动，这与如何使用眼睛、耳朵和触觉来指导自己的行动密切相关。无论是在工作还是玩耍时，要想取得成功，都需要时刻保持警觉，紧密关注周围的材料、障碍、工具，这些都关乎成败。这种感知十分重要，尤其它能促使人们追求感兴趣的事物，没有它，人们甚至无法进行简单的娱乐和游戏活动。虽然这种方法并不是为了特意训练人们的感官，但以最有效、最彻底的方式实现了这一目标。通过保持专注和重视感知，它训练了人们的感官，这种方式既高效又深入。为此，教师设计了各种培养观察的方法，如让学生写字，抄写不懂的专业单词，摆放数字和几何形状等。学生通常看一眼，就能迅速将其复制出来。然而，这种训练方法虽然偶尔作为游戏和娱乐是有价值的，但与使用木材或金属工具、园艺、烹饪或照顾动物时进行的眼手协调训练相比，效果并不理想。孤立的练习最终都像竹篮打水一样，不能取得任何进展，即使掌握了技术技能，其影响力和可转移

为了完成事情的分析检验

性也是非常有限的。为什么批评观察训练呢？这就好比很多人无法准确复制表盘的走势和数字排列的方式，可问题的关键是，人们看表不是为了弄清楚四点钟是用 III 表示还是用 IV 表示，而是为了知道现在几点。除此之外，再注意其他细节就成了浪费时间。所以，在观察训练中，目的和动机至关重要。

科学观察与
问题的相关

3. 观察已经发展到了更理智和更科学的水平，因为它遵循了已经讨论过的实践转化为理论反思的轨迹。随着问题的出现和思考的深入，观察不再仅仅关注与实践目标相关的事实，而更多地关注问题本身。在学校中，观察常常失效的原因是，在界定问题或帮助解决问题时，常常将观察与问题孤立起来。这种孤立观察的弊端贯穿整个教育体系，从幼儿园到小学、初中、高中再到大学。观察时时处处可见，就好像观察本身就是要实现的最终目的，而忘了观察应该是用来获取资料、验证想法、解答难题的手段。而且，观察仿佛失去了引导因素，所以变得不再理智。在幼儿园里，堆积着关于几何形状、线、表、立方体、颜色等许多可供观察的物品。在小学里，学生可以随意选择详细观察物体的形态和属性，如苹果、橙子、粉笔；而在"自然研究"的名义下，叶子、石头、昆虫等也几乎可以随意选择进行详细观察。在高中和大学，观察被圈定在实验室和显微镜下，就好像教育的目的就是积累观察的事实和掌握使用各种仪器的技巧。

与孤立观察不同，杰文斯认为，科学家的观察只有在想要验证理论时才有效。他指出，"观察和实验的对象是无限的。如果我们只是随意记录事实而没有明确目的，这些记录就没有价值"。然而，严格来说，科学家进行观察的目的不仅包括验证想法，还包括确定问题的本质，帮助形成假设。杰文斯的观点是正确的，即科学家从不把积累观察作为唯一目的，而是作为达到最终目的的手段。在充分理解这一观点之前，观察可能会变成乏味的机械工作，或者仅仅是技术技能的获取，而失去理智的价值。

二、在学校中的观察方法和材料

学校使用的最佳方法，为如何才能正确地将观察融入思维训练提供了很多宝贵的建议。

1. 它们基于一个合理的假设，认为观察是一种主动的行为。观察是一种探索，旨在揭示之前未知或隐藏的事，以达到或实践或理论上的某种研究目的。观察与识别或感知或熟悉事物是有所不同的。识别已经了解的事物是深入研究中不可或缺的，但相对而言，它较为机械和被动，而观察是主动的、具有探索性的行为。识别指辨别已经熟悉的事物，而观察则专注于揭示未知事物。

观察应包括探索

感知就好比在白纸上写字，或者在蜡上留下印记，抑或者像在照片底片上形成图像的一种普遍概念，这源于未能区分自动识别和真正观察的探索态度。

2. 在选择适合观察的材料时，故事或戏剧可以带给人们很多启示。在听故事或看戏剧时，情节越有趣味性，人们观察的热情越是高涨，乃至达到巅峰。这是因为故事融合了新的、旧的、熟悉的和意外的种种元素，让人们着迷于故事的发展。人们被讲故事的人吸引，是因为故事情节中充满了悬念，它会引出几种可能性，但又不明朗，让人们忍不住思考接下来会发生什么，事情将朝着哪个方向发展？将孩子对静态事物和对故事的热情进行比较，不难发现孩子更喜欢也更有耐心听故事，而不喜欢或没有耐心观察静态事物。且在完成以上两种观察后，孩子往往会对故事提出许多问题，进行很多思考，而对静态事物的观察很少做出反应。

当人们专注做某事或制作某物时，会面临这样一种特殊情况：感知到的东西将产生结果，但无法确定具体结果是什么。人们不知道最终是成功还是失败，也不清楚结果以什么时间和什么方式出现。因此，人们需要紧张、敏锐地观察并进行建设性操作。这种情况也适用于客观的主题。一般来说，动态的事物会吸引人们的注意，静态的事物则容易被忽视。因此，过于枯燥、缺乏活力和戏剧性的教育材料，导致观察变得乏味无比。面对这种情况，仅仅改变形式是不够的。一些变化的确会激发人们的观察力，但如果不再深入思考下去，那就没有意义了。变化必须保持一定的连续性，每次变化都应引起人们之前的记忆，并激发出对后续变化的兴趣，这样人们的观察才会带来思维逻辑上的收获。

对植物和动物的观察满足了人们对观察和变化的双重需求。它们展示了生长过程中的变化，同时展现了这些变化是如何循环往复地进行下去的。这种前所未见的变化引起了人们观察的兴趣，而它们的有序循环则让人们能够理解得更好。孩子对种植种子并观察它们生长过程的兴趣向来十分强烈，因为他们能亲眼见证植物生命的奇妙旅程，生长的每一个阶段对植物都至关重要。近年来，植物学和动物学的教学取得了巨大进步，这些进步强调将植物和动物视为主动的实体，而不仅仅是静态的需要被分类和记录的标本去观察。如果人们仅仅把它们当作标本来对待，那么人们的观察就会变得肤浅和缺乏意义，沦为简单的分析、解剖和列举细节了。

当然，静态观察的作用也十分重要。只是当人们更关心的是物体的功能，也就是物体的行为时，人们会被驱使着去更深入地研究它们的结构。这时，人们的注意力发生了转移，从单纯关注活动本身转移到了关注活动的进行方式，从对一套动作的完成过程的兴趣转变为对完成这套动作的器官的兴趣。但人们一开始便从形态学和解剖学入手，开始留意形状、大小、颜色和各部分的分布时，如果只是将材料割裂开而不准备联系起来，这些观察就变得乏味和毫无意义。例如，当孩子对植物的呼吸功能感兴趣时，他们会专注于寻找植物的气孔，而不是对孤立的结构特征进行具体观察。学习如果时时刻刻局限在对这种细节的观察上，而不挖掘它所代表的行为和用途，那么学习就会变得索然无味。

3. 当学生的注意力不再只关注个人利益以及审美需要，而更多地关注思维品质时，观察将变得更加重要。这时，学生观察的目的有三个：①弄清楚他们遇到的问题；②对观察到的特征做出假设，并加以解释；③检验提出的假设。

粗放集中地进行科学观察

总之，观察应具有科学性。这样的观察应该在广泛和细致之间有节奏地调控。明确问题，并通过广泛吸收相关事实和精确研究少数核心事实的交替方式提出有效的解释。广泛但不精确的观察对学生感知研究领域的实际情况、了解其方向和潜在可能性以及为想象力提供素材方面至关重要。精确的研究对限定问题范围、确保实验条件的可控性至关重要。过度专业化和技术化的研究可能无法促进智力发展，过于肤浅和零散的观察也无法推动智力成长。在生命科学领域中，野外研究、实地考察，都是在自然环境中认识和熟悉生物的方式，这些方式可以与显微镜和实验室观察交替进行。在物理科学领域中，光、热、电、重力等存在于自然界中，也就是它们所处的地质环境中。为了对选定事实进行精确研究，需要在实验室中设定相应的控制条件。通过这种方

法，学生不仅能够享受到技术科学实验和测试带来的好
处，还能够保持对实验室能量模式与户外自然模式的认
同感。这样一来，就可以避免陷入常见的错误观念，即
所研究的事实仅适用于实验室环境。

三、信息传递

当我们观察世界时，我们的视野往往会受到一定限
制。即使我们对某些事实非常了解，也不可避免地受到
他人观察和结论的影响。尽管我们的知识可能源自亲身
经验，但我们所学习的大部分内容来自教科书、讲座和
与他人的交流。因此，如何有效地利用他人的经验来学
习是教育中一个至关重要的问题。

教育的核心含义是传递他人的观察和推断。过度强
调信息的积累可能源于对他人学习的过度依赖。因此，
关键在于如何将这些信息转化为理智资产。从逻辑上
讲，他人的经验为我们提供了证据，供我们作为判断的
参考。我们应该如何处理教科书和教师提供的材料，才
能使之成为激发探究精神的资源？仅靠被动的全盘接受
和死记硬背肯定是不行的。

要怎么回答这个问题呢？我们可以说所提供的内
容应当是必需的，即无法轻易通过个人观察获取的。教

小道消息的
重要性

师或书籍向学生灌输一些稍加询问和思索就能发现的事实，无疑会破坏学生的思维力，导致学生养成盲从的恶习。然而，这并不意味着他人传授的资料就是贫乏、枯燥的。在感官所能及的范围内，自然界和历史的世界几乎是无限的。然而，我们还是应当精心选择和保护那些可直接观察的领域，以防学生的好奇心被无效观察所湮灭。

语气上的教条主义

所提供的内容应该是一种激励，而不是一种僵化的、带有教条主义的定论。当学生认为某领域已经得到充分研究和探讨，相关知识已经详尽无遗时，他们可能会自动变成俯首帖耳的倾听者，同时失去继续学习的本真。任何思考都包含一种创新元素，这种创新并不意味着要与他人背道而驰，更不意味着要得出全新的结论。这种创新意味着对问题的热情，是在接受他人建议的基础上，主动进行思考，并将其诚实地推演到经过验证的结论上。从表面上看，"独立思考"这个词有些多余，因为思考只能是一个人完成的事。

应当与个人问题联系在一起

在教学中，如果教师传授的知识与学生自身经历中的重要问题无关，那么这种教学就会变得毫无意义。类似的，那些并未引发学生好奇心的课程或者没有以激发问题的方式呈现的课程，不但对学生起不到益智的作用，而且会造成不好的影响。因为这样的教学未能激发学生的思考，就会留存在学生的头脑中，像一团杂物和碎片，逐渐演变成一种障碍，妨碍学生开展有效的思考。

　　换一种说法，即所提供的沟通材料需要能够与某种现有的经验体系或组织融为一体。学习心理学的学生熟悉"领会"的概念，即我们会将新材料与我们先前已经吸收和保留的经验融合起来。如今，教师和教科书提供的内容应尽可能与学习者从自身的直接经验中获得的知识相联系。然而，目前存在这样一种倾向，即仅仅把课堂素材与之前学习的课堂素材联系起来，而没有把它与在日常生活中积累的经验相联系。教师可能会问"你不记得上周我们讲过的知识了吗"，而不是问"你回想一下，生活中是否看到或听到过类似的事情"。这种方式造成了学校知识体系与日常经验系统相孤立的局面，也就是说，教育只是覆盖了普通经验系统，而没有在它的基础上进行拓展和完善。这就导致学生生活在两个独立的世界中：一个是校外经验世界；另一个是书籍和课业营造出的世界。这也导致学生在学校所学知识不能完全解决校外实践问题。

第十五章
讲课与思维训练

讲课的重要性

　　在教学中，教师与学生之间的亲密互动至关重要。课堂的重点在于激发学生的思维活力，影响他们的语言习惯，培养他们的观察能力。因此，在谈论讲课作为教学工具的意义时，实际上是对前面所讨论的要点进行总结，而非引入新的话题。讲课方式是检验教师教学能力的重要标准，包括判断学生智力的能力，以及为激发有益思维提供有效条件的能力。总之，这是教师教学技巧的一大表现。

讲课与思考

　　"讲课"一词代表教师与学生、学生与学生之间开展思维交流的时间，那么课堂绝对意义非凡。我们都知道"重述"意味着重复、再引证，反复叙说，如果我们将这段时间称为"重述"，那么这个称谓无法比"讲课"更清楚地说明教学过程主要是通过背诵和记忆来应对问题的。所以，讲课是激发和引导思维的重要时刻，而记忆和重述虽然是必不可少的一部分，但只是促进思维发展的一个因素。

　　究竟该怎样教学，怎样回答课堂问题，很少有人能研究出一个普遍适用的教学方法，但如果一定要说出一个方法的话，赫尔巴特提出的四段教学法尤为重要。这个方法对课堂的影响可能比其他任何方法都更大且更有效。它的基本概念是，无论学习的主题如何变化，掌握它们只有一种方法——无论是小学生认识数字，中学生学习历史，还是大学生研究语言学，每种情况下的第一步都是准备，第二步是呈现，第三步是比较和概括，第四步是在实际的新案例中运用。

　　准备就是提出问题，这一阶段的重要性在于唤起学生对已有经验的回忆，这些经验将有助于他们更好地理解新主题。已知经验能为理解未知提供依据，因此只要激活与新知识相关的旧的经验，学习过程将更加轻松顺利。当开始教授关于河流的知识时，教师可以先询问学生是否了解过小溪或河流，如果没有见过河流，可以试着让他们联想一下排水沟，想象水流动的情景。这样的启发有助于学生更好地理解新主题。准备阶段在明确课程目标后结束。通过唤起旧知识，新材料就很快呈现在学生面前了。河水依地势流动的画面辅以教师生动的口头描述，如果可能，还可以带学生实地观察河流。将帮助学生更好地掌握关于河流的特定知识。

　　下面的两个步骤旨在获得一个普遍适用的原则或概

阐释方法

念。可以将当地的河流与亚马孙河、圣劳伦斯河、莱茵河进行比较。通过比较，消除非本质和不重要的特点，进而形成河流的概念。这样涉及河流这一概念的元素就得到了基本阐述。完成这两步后，得到的概念就被牢记在大脑中，并自然而然地将其应用于其他河流，如泰晤士河、康涅狄格河，来加以检验。

与之前思考分析比较　如果我们将这种教学方法与我们对完整思维过程的分析进行比较，会发现它们有明显的相似之处。这种教学方法的步骤包括以下过程：首先是提出问题或令人困惑的现象；然后观察、检查事实，以找出解决问题的方法；接着提出假设或可能的解决方案，并通过推理加以阐述；最后将精心制定的想法作为新观察和实验的指导来检验这一想法。无论是在哪种描述中，都按顺序分为以下几个步骤：①具体事实和事件；②想法和推理；③将结果应用于具体事实。这种推理方式就是归纳—演绎的过程。然而，我们也注意到一个不同之处：赫尔巴特的四段教学法没有提到，困难的差异性是作为整个过程的起源和刺激因素的。因此，赫尔巴特的四段教学法似乎更多地将思维视为获取信息的过程，而不是将信息获取视为发展思维的过程。

与老师有关的步骤　在更详细地跟进这一比较之前，我们可以提出一个问题——即使我们认可这些步骤是具有逻辑性的，但在进行朗诵时，是否需要遵循一套固定的步骤呢？正因为这些步骤是有逻辑的，更像一个已经了解主题的人采取的方法，而不是一个正在学习的人遵循的路径。前者可能是一条直线，后者则可能是一连串迂回的曲线。换句话说，正式的步骤指导了教师在准备朗诵时需要考虑的要点，但并不应该限制教学过程的实际展开。

教师如果缺乏教学准备，那么课堂可能会变得杂乱无章。在这种情况下，要想讲出一堂生动的课，全靠灵感来袭了，但灵感不会时刻存在。对教师来说，仅仅准备所教科目容易形成一种严格的程式化模式，即只考查学生对课文确切知识的掌握情况。然而，教师的任务并不在于让学生掌握某一主题，而在于调整主题培养学生的思维。之前提到的步骤就很好地指出了教师在教授某一主题时应提出的问题。把主题丢给学生，他们会有怎样的准备？他们有哪些熟悉的经验可以利用？他们已知的内容能起到帮助作用吗？我应该如何呈现材料，才能有效地融入他们的准备中？我应该向他们展示怎样的图片？我应该将他们的注意力引到哪里？我应该讲述什么事件？我应该引导他们跟什么做比较，它们又有什么相似之处？整个讨论应指向一个怎样的结论？怎样的实际应用才能让他们真正理解这一结论？他们自己的哪些活动又可以帮助他们真正理解这一显著的原则？

如果一位教师认真考虑了这些问题，一定能更好地展开教学。教师越能想到学生从各种角度对这一主题做出的反应，就越能准备好以一种活泼灵动的方式讲解课程，不让主题变得支离破碎，也不让学生的注意力四处分散。因此，教师会发现，为了保持一定的思维秩序，并不一定需要严格遵循某种固定方案。教师应该随时准备接受学生做出的反应。有时候，某个学生可能已经对某个普遍原则有了一些想法，尽管这些想法可能是错误的。在这种情况下，教师可以在一开始就应用这一原则，证明为什么这些想法行不通，从而让学生去寻找更多的事实，得出新的概念。有时候，突然提出某个事实可能会激发学生的思维，同时可能使教师之前所做的准备显得多余。因为学生一旦开始思考，就不会等到教师完成准备、演示和比较等一系列步骤后才形成自己的假设或概括。此外，除非在一开始就对熟悉和陌生的事加以比较，否则准备和演示都将是毫无意义的，既没有逻辑动机，又是孤立的。学生的思维方式各不相同，不能一概而论。激发联想是激发思维的方法之一。关键在于帮助学生用他们熟悉的概念理解新知识，或者在新事实中解决问题。无论哪种情况，通过比较，其中一个会凸显出其力量。简单来说，教师在讲课时需要考虑将逻辑步骤转化为连贯的步骤，以帮助学生理解，而不是强行灌输已经理解的逻辑，这样会阻碍学生的思维过程。

二、在背诵过程中的要素

　　根据赫尔巴特的学说，我们可以将教学过程简化为以下几个步骤：第一步是理解具体事实；第二步是总结归纳；第三步是应用和检验；然后形成假设或联想，以及具体细节；最后，在新的观察和实验中应用它们，从而达到检验的目的。

　　1.准备和呈现与特定事实相关的过程很关键。事实上，当遇到某个意外或某个令人困惑、奇怪的情况，需要做出解释时，大脑会被激发，想要探求更多的知识，也就是激起我们的求知欲，促使寻找答案。问题的出现会迫使大脑去思考并回忆过去所有的经验，找出问题的意义以及如何解决它。这种思考过程比任何教学设备都更有效，因为它激发了头脑中的热情和好奇心。

　　教师在调动学生较为熟悉的元素时，必须警惕某些危险。①准备不宜过长，也不宜过于详尽，否则会适得其反，让学生失去兴趣，感到乏味，这时，单刀直入反而更能激励学生迅速投入学习。有些认真负责的教师课前准备过长，就像一个男孩为了跳远而跑得太久，结果到起跳线时身体已经疲惫反而跳不远。②通常我们会依赖习惯理解新事物。但是，过于强调将习惯转变为有意识的观念，可能会妨碍其发挥最佳的作用。当然，有些

准备中未预见的困难

185

熟悉的习惯性经验，确实需要转化为自觉的认识，就像有些植物需要移植才能茁壮成长一样。然而，频繁地干预熟悉经验或植物，过多地检查它们的状态，可能会成为一种约束，陷入自我限制的尴尬，这些都是过度意识化的结果。

一些严格的赫尔巴特派教育家认为，教师对课程目标的说明是教学准备中不可或缺的一部分。但对学生而言，课程目标的说明似乎并不是特别有智慧，就像敲响钟声或发出信号来吸引注意力一样。对于教师来说，课程目标的说明很重要，因为他们已经知道结局，但对于学生来说，被告知将学到什么却有些百无聊赖。如果教师过于认真地对待课程目标的说明，认为它意味着比引起注意更重要，那可能会预先限制学生的反应，从而扼杀学生主动发起提问和展开思维的能力。

教师应该展示多少

展示在教学中的重要性将在最后一章展开探讨。展示的目的是充分显示问题，提出推论。在教学中，教师的工作之一在于衡量问题的量：量太少，学生参与不进来；量太多，又会扼杀学生的思考。重点是要引导学生理解问题的核心并提出解决方案，而不是传递大量信息。教师应该给予学生自由，让他们在学习和记忆方面有所发挥，而不是要求他们死记硬背。只要学生对某个主题感兴趣并积极参与，那么就没必要担心是不是信息传递过多了。

2. 反思性探究进入理性分析的显著特征在于通过

联合比较形成观念或提出假设，最终以定义或公式化
结束。

（1）就课堂讨论而言，最基本的要求是让学生对
每个理论原则进行深入思考，以展示他们对其含义的理
解，它是如何影响事实的，事实又是如何影响它的。除
非学生能正确判断自己提出的猜测的合理性，否则课堂
讨论对培养推理能力几乎毫无意义。一位聪明的教师很
善于淘汰那些对学生无用的内容，并删选出符合他预期
的内容，并予以强调。这种方法（有时被称为"启发式
提问"）有助于培养学生的独立思维能力，而不再只跟
着教师的引导做反应。

（2）要想将一个模糊的想法变成一个连贯、明确的
思考，我们常常需要停下来，远离干扰，让思维得到放
松。就像我们平时说的"停下来，好好想一想"一样，
这种停顿是必要的。在处理想法时，需要冥想，远离外
界干扰，这样才有助于让想法趋于成熟。冥想是推理过
程中的必要行为，它可以促使我们放弃猜测而进行观察
和做实验。这就像饮食过程中的消化吸收一样，吃进去
不等于变成了对身体有用的东西，还需要消化和吸收。
比较和权衡不同的意见，并慎重考虑，有助于得出连
贯、简练的结论。推理不同于争论，也不同于匆忙地接
受或抛弃想法。教师需要给学生足够的时间慢慢消化问
题，而不是狼吞虎咽。

在比较的时候，教师要避免把太多同等重要的信息

小学生也
能写出好
的案例

身心放松的
必要性

典型的中心
对象

一股脑抛给学生，这样会让他们分心。人的注意力是有限的，会将问题分为主次，通常只有一个焦点会占据思考，形成思考的起点，这就是思考的中心对象。所以，这就决定了教师若是把所有重要的问题一股脑抛给学生，会严重影响到教学质量。思维并不会在比较的过程中按照 A、B、C、D 的顺序一个接一个地思考对象，然后找它们的共同点。学生会从某一个对象或情境出发，这个对象或情境可能有些模糊或不完整，然后逐渐探索其他对象或情境，以帮助他们更清晰地理解中心对象。所以，简单粗暴地增加比较对象的数量，是不利于展开有效推理的。每个引入比较范围的事实都应该帮助澄清中心对象的一些模糊特征或者扩展我们对它的理解。

选择对象的
重要性

　　总之，应该确保思考的重点是一个典型的对象，这很重要。当我们处理典型情况时，可以更容易地由点及面，推广到整个类别。就像一个理智的人，一定不会从一开始就从宏观角度去思考所有的河流一样，他会从一个具有特征的某条河流开始思考，然后逐步探索其他河流，以解开当前的困惑。这种方法能帮助我们保持思维的连贯性，避免陷入狭隘或单调的思虑。比较不同点才可以凸显出重要特征，帮助我们将不同事物联系在一起。具体例子和特征因为具有侧重性，能让我们更具体地思考问题；一般原则是将这些具体情况整合成一个系统。这样，我们的思维既不会被孤立的例外左右，也不会受到纯粹理论的束缚。

概括总结并不是单一的行为，而是整个讨论或解释过程中持续的趋势和功能。每走一步都是朝着梳理、解释、整合之前零散的令人困惑的想法的方向迈进。就像成年人一样，孩子也在进行总结和归纳，只不过他们得出的结论并不相同罢了。比如，当他们学习河流时，会发现各种细节之间是有联系的，水是受重力吸引向下流动的，而后据此搜集一系列事实，并结合既往了解到的事实进行验证。即使他们只认识了某一条河流，但根据以上这些条件和认知也能概括出通用的知识。

含义中的洞察力

概念的定义和意义的表达应该是一个渐进的过程，而不是一蹴而就的事情。定义的目的是将模糊的概念逐渐明确化、清晰化，最终用语言和文字进行定义只是这个过程的顶点。在讨论定义和规则时，不应该完全抵制现有的定义，也不应该完全偏向相反的极端，而应该综合具体事实，得出一个具有概括性的结论。只有在适当的时候进行总结，思维才能得出结论或找到一个落脚点。通过得出结论，学生才能在未来的学习中逐渐积累心智。

3. 应用和总结之间有着密切的联系。新技能可以通过机械性的重复来掌握，而不必深究原理。然而，如果只掌握具体的技巧而没有理解其背后的原则，那就无法将这种技能应用到新的情况中。总结的作用在于将概念从具体的、局部的限制中解放出来，并将概念应用到新的情境中。要识别虚假的总结，最可靠的方法就是看其

适应新生事物的能力

灵活的原则 原则是否能够自然地延伸到更广泛的情况中去。也就是说，检测原则是否为真，就看它是否能做到通用。

　　练习的目的并不是要机械地记住它们，而是要深入理解原理或概念。因此，不能把应用看作独立思考的最后一步。每次应用某一判断时，都是为了理解和解释事实，通过这个过程，概念得到扩展和检验。因此，能够通用的概念是完整的，只能单一应用的概念则是经不住检验的，它只能作为为达到实际目的而被使用的工具。原理本身是独立的，原理的应用是另一回事。当把两者分开时，原理就会变得呆板、僵化，失去内在活力和推动力。

自应用 　　真正的概念就像一个会流动的思想，它会自然而然地流向需要解释的具体事物并指导行动，就像水往低处流一样。简单来说，就像人们需要观察具体事实和行动事件来启发反思性思维一样，概念也需要具体的事实和行为做支撑得到完善。那些华而不实的泛泛之谈往往是无益的，因为它们缺乏真实性。将概念应用到实际才是思考需要探究的关键组成部分，就像观察和推理一样。真正有意义的、通用的原则会自然而然地被拿来应用。教师需要做的就是提供促使应用和实践的环境，但如果这个环境是人为创造出来的虚假的，那就没有办法保证概念是否能得到正确应用了。

第十六章　总结

　　前文讨论了人类是怎样思维的，以及应该怎样去思维的问题。思维因素之间本应达到一个完美的平衡，但事实情况是，它们往往会孤立起来，相互对立，而不是相互协作，从而让反思性探讨变得富有意义。

一、潜意识与有意识

　　有一个意义上的"理解"是指某种东西被彻底掌握，与某一事物完全符合，以至于被假定。也就是说，它被视为理所当然，无须再明确陈述。这就像我们耳熟能详的一个成语"不言而喻"。如果两个人能够相互理解地交谈，那是因为共同的经验为他们提供了相互理解的背景，他们各自的言论是在这个背景上展开的。没有必要去挖掘并阐明这个共同背景，因为它是"被理解的"，也就是已经默默地提供了某种能理智交流的暗示了，理

理解作为无意识的假定

191

有意识的
构想

所当然成为思想交流的媒介。

不过，当两个人意识到彼此观点有分歧时，他们需要一起探讨并比较彼此言论的基础和前提假设。这意味着他们要把潜在的内容明确表达出来，揭示彼此可能不经意间假定的东西。这种沟通方式可以消除误解的根源。在进行有效思考时，潜意识和有意识之间似乎存在某种节奏。当一个人不断地进行思考训练时，类似于与他人交流时，他可能会默认某种思维模式、某种背景或目的，而这会影响他的思维，尽管他没有明确表达过这种认可。明确的思路仅仅在某种程度上是奏效的，即在暗示所指或得到一定理解的范围内是奏效的。有时候我们需要有意识地审视那些潜在的假设，以便更清晰地核实问题的背景。

我们无法设定出一个规则来实现心智生活两个方面的平衡和节奏变化。同样，对于自发的、无意识的态度和习惯，什么时候应受到检查和控制，以明确其隐含意义，也无法一概而论。什么时候在什么程度上进行分析性检查和有意识的说明，也没有一个明智、具体的答案。可以说，个人必须进行足够的审视和防范，以了解自己如何引导思维，但在具体情况下，又该达到怎样一个程度呢？我们可以说，必须发现和防止一些错误的感觉和推理，并掌握研究方法，但这种方法实际上只是在重申原有的问题。在特定事件中，我们所能依赖的仍然是个人的性情和技巧。因此，检验教育的成效在于看它是否培养出了能够在无意识和潜意识之间保持平衡关系的思维形式。

在此之前，我们对于错误的分析的教学方法予以批评，它的问题在于把本来应该是潜意识的东西强行变成需要明确注意的焦点。把那些应该是下意识处理的事情硬是拉出来，让它们变得明显，这样做不仅是画蛇添足，也是枯燥乏味的。强迫我们有意识地停留在熟悉的、常规的、自动的事物上，实际就是在逼迫我们走向厌倦，而那种教学方法无异于在破坏我们对知识的兴趣。

然而，返回来再谈学习新技能的问题，该问题的关键在于不仅要重视例行性训练，还要能提出真正的问题，提出新奇的事物，从而捕捉大量的意义，考虑其重要性。对于良好的思维方式来说，发现错误的原因与发现正确的原因同样重要。过分简化问题、只追求技能掌握而忽视新奇问题、回避困难问题以避免错误，这些做法和要求学生死记硬背并逐步展示解题步骤一样有害，学生更需要的是仔细审视、分析问题，找出问题的根源。每当解决一个难题，就应该把相关的知识积累起来，以便随时用来解决更深层次的问题。这时，有意识地去总结和概括就是必不可少的了。在初步了解一个主题时，可以进行一些无压力和无意识的探索，甚至尝试一些随机实验，而在后期，则应该鼓励有意识地表达和审查。推理和反思、直接前进和审视问题应该相互交替进行。无意识探索能带给我们自发性和新颖感，有意识则能培养我们掌控思维的能力。

二、过程与结果

再谈游戏和
工作
  思维活动也要实现过程与结果之间的平衡。比如，平衡游戏和工作的关系。在打游戏时，我们通常更注重享受过程，而不过分担心结果，即我们专注于玩的过程，而不是赢得比赛。在工作中，我们通常会设定具体的目标，并努力实现这些目标。我们会集中精力追求结果，而不是只顾着做事。当我们无法很好地平衡游戏和工作的关系时，甚至把游戏和工作混淆起来时，结果就是，游戏变成了毫无意义的嬉戏打闹，工作则成了痛苦的劳役。

  这里所说的毫无意义的嬉戏打闹是指一种突发的、短暂的能量释放，取决于冲动和偶然性。如果把与结果相关的因素从游戏的思想和行为观念中剥离开，各个观念之间将失去联系，变得荒谬、随意、没有目标，只剩下纯粹的嬉戏打闹了。儿童存在根深蒂固的嬉闹倾向，这种倾向并不是完全消极的，至少是有助于避免陷入刻板的。然而，太过嬉闹，就会导致精力的分散，而唯一能防止这种后果的方法就是让儿童始终在游戏中保持对结果的关注，哪怕考虑一下影响也是好的。

不做苦差事
  如果只关注结果而不在意过程，那么工作就变成了一件乏味的苦差事。这种工作会让人觉得自己的付出和努力毫无意义，因为一切只看结果。如果工作真的变成一种必须做的苦差事，只是为了实现某个目标而不得之，那工作的人将会失去价值，工作也将变得不再有意义。虽然世界上的一些工作并没有那么吸引人，但这并不代表着要教导我们的孩子也把工作当成一件苦差事。当然，有一种观点错误地认为，应该让孩子去做这些苦差事，这样才能培养他们吃苦耐劳、忠于职责的品质。强制让孩子去做他们讨厌的工作，结果只能是让他们养成逃避、推诿责任的毛病，而不是真正的责任感。要让孩子做那些不吸引人的工作，最好的办法就是让他们理解工作的价值，这样才能将追求结果的热情转移到实现的过程上。虽然工作本身可能是枯燥乏味的，但是当他们意识到这么做是实现目标的途径时，就会对工作产生更大的兴趣。

把游戏和工作分开来看，或者说把结果和过程分开来看，均对思维拓展有害，就像有人说的"只工作不玩耍，聪明孩子会变傻"。事实上，情况相反也一样，因为嬉戏打闹跟愚笨本就相近。严肃和活泼是可以同时兼具的，这正是理想的心智状态。心智在某一主题上的自由，不再受教条主义和偏见的影响，而是充满了求知欲和灵活性。充分给予心智这种自由并不是鼓励人们轻率地处理问题，而是让人们对问题的各个方面产生兴趣，摆脱先见或习惯的目标地位。带着脑子去游戏，才能打开思路，不受外部条件的限制。从这方面说，我们也需要认真对待游戏，认真追踪主题内容的发展，任何粗心

区分严肃与活泼

195

大意或轻率都是行不通的，因为游戏要求我们准确记录达到的每一个结果，以便进一步利用结果。人们往往对真理感兴趣，对真理的探索也不严肃得让人望而却步，相反，它是一种对思维的自由探索和热爱。

尽管环境可能让孩子变得要么过于放纵和懒散，要么承受经济上的压力而被迫早熟，但大多数孩子的童年依然是一个充满自由和想象力的时期。关于儿童的许多美好的描绘，总是呈现出儿童应该对未来充满怎样的憧憬，以及他们应该多么无忧无虑。其实，活在当下和为未来打好基础并不矛盾。童年时期培养的专注于当下的生活方式是宝贵的财富，也是未来成长的重要支柱。那些被迫过早承担经济压力的孩子可能会在某些方面显示出惊人的聪明才智，但这种过早的打磨往往是要付出沉重代价的，即可能造成孩子或冷漠或迟钝的心理状态。

艺术家的态度

有人说，艺术起源于游戏。不管这句话正确与否，它都传达了一个重要观念：艺术需要在严肃和活泼之间取得平衡。当艺术家太过专注于技巧和材料时，他可能会获得高超的技术，但同时会缺乏艺术灵感。当精妙的构思超越了技巧的局限时，虽然有了艺术灵感，但作品可能受限于技巧而无法充分表达出想要传达的情感。当思考的目的不过于强烈也不过于懒惰时，才能成功转化从而实现目的，或者当专注于手段是为了达到目的时，我们才会看到典型的艺术家的态度。这种态度可能贯穿所有活动，即使不被传统定义为艺术的活动，也能表现出此种态度。

有人说教学是一门艺术，那么教师就是一位艺术　教学的艺术
家。一位教师是否有资格当艺术家，要看他在教导学生
时，能不能拿出艺术家的态度。一些教师能成功地唤起
学生的热情，激发学生的生命力。假如是真的，那当然
不错，但最终的检验是这种激励能否成功地转化为有效
的力量。也就是说，如果不是真的，学生的热情就会减
退，兴趣随之消失，理想也将变成模糊的记忆。

还有一些教师可能充分掌握了各种技能和学科知
识，如果是真的，也是不错的。然而，如果他们只注重
技术技能的培养，而忽略了精神层面的提升，如辨别价
值观、理解思想和原则，那么这些技术技能就显得苍白
无力，像为了完成任务而工作。这可能会导致学生出现
以下几种情况：为了谋求个人利益而运用技能；为了迎
合他人的目的而俯首帖耳，或者在故步自封中缺乏创造
力，干不讨喜的苦差事。教师的挑战在于要帮助学生树
立目标，具备实现这些目标的手段。不过，这并不仅仅
是难题，也是教师努力的方向。

三、远近之间

一些教师可能会惊讶地发现，当向学生介绍他们不　对熟悉的内
熟悉的内容时，他们会更感兴趣，也更投入，而在谈论　容不感兴趣

他们熟悉的主题时，则表现得不太积极。比如，生活在平原的学生可能不太会被平原的环境所吸引，但会对山脉或大海等陌生的事物表现出极大的兴趣。教师想让学生写关于他们熟悉的某种类型的文章，但学生却偏爱虚构的主题。

一位接受过教育的女性在工厂当工人时，向其他女工讲述《小妇人》的故事，但其他女工对此丝毫提不起兴致，说"都是女人的经历，能比我们有趣多少"。她们反而更想听百万富翁和名人的故事。一个研究日常劳作心理的人曾问苏格兰一个棉纺厂的女工平时都在想什么。她说，除了操作机器，会想象自己有一天嫁给一个公爵，过上上流社会的生活。

这些故事强调了一个观点，即身边熟悉的事物往往不能激发我们思考，只有在探索陌生而遥远的事物时才能获得新的启发。心理学家达成了一个共识：我们通常不会特别关注那些陈旧的事物或者已经习以为常的事物，因为当我们需要适应新情况时，仍旧把注意力放在旧事物上是没有意义的，甚至是危险的。我们应该把头脑留给那些新鲜的、不确定的、有挑战性的事物。因此，当要求学生转变他们的关注点到已知的事物上时，他们必然会茫然无措，感到受限。旧的、熟悉的、习惯的事物并不是我们应该专注的对象，它们是已经有答案的问题，而不是亟待解决的问题。在思考事物时，需要平衡新旧、远近的关系。远处的事物能激发我们的兴趣和动力，近处的事物则能为我们提供实际资源和便利。也就是说，只有当简单的和困难的事物适度结合时，才能碰撞出更好的思维效果。熟悉的和简单的事物容易理解，陌生的和困难的则挑战我们的思维。太简单了，会使思考变得肤浅；太困难了，则会让我们望而却步。

熟悉的东西和陌生的东西之间的相互作用，是不可或缺的，且是由思维的本质决定的。当我们思考时，有些事物的存在会暗示和指引出不存在的事物。如果我们面对的是熟悉的事物，除非它呈现出一些不同寻常的特征，否则不会激发思考。也可以直接理解熟悉的事物，不需要依赖其他不存在的事物来帮助理解。但是，当我们面对完全陌生的事物时，如果缺乏基础知识就会感到很难，比如，当我们第一次接触分数时，如果没有掌握好整数与分数的基本关系，那么就难以理解这一概念。随着时间的推移，终于熟悉并掌握分数时，只要稍加思考就能很好地应用它们，这时它们就变成一种可以直接反映而无须深思的"代用符号"。而且，如果整体情况呈现出不确定性或新颖性，就可以利用这种自然反应去解决具体问题。将新奇的主题转化为熟悉的经验后，又可以用它来判断和掌握更新的主题，这种螺旋上升的过程将是永无止境的。

在思维活动中，想象力和观察力的双重作用展示了以上所说的重要原则的另一方面。一些传统的教学方式会选择实物教学，刚开始时，学生确实会对新鲜事物

给予的和建议的

感兴趣，但随着时间的推移，这些内容就会变得乏味单调，就像在机械地学习符号一样。因为一旦将想象力局限于实物，内容必然变得呆板无趣。在教学中，强调"从事实到事实"会导致学生狭隘地理解知识，这并非受事实本身所限，而是因为没有给想象力留下空间，所以事实才显得僵化、不可改变。提出事实是为了激发想象力，文化与创造力才会自然而然地产生。反之亦然。想象力并不能简单地等同于虚构，即并不一定是不真实的。想象力的最大功能是发现当前无法展现的情况。想象的目标是对遥远的、不在场的和模糊的事物进行清晰的洞察。历史、文学、地理，甚至几何和算术，都需要一定的想象力才能理解。想象力是对观察的补充和深化，只有当它成为幻想或空想时，才会失去逻辑力量，变得有碍观察。

需要言明的是，教育依然存在这样一个挑战，即学生可以通过自身经历获得知识，也可以通过教学材料习得知识。这两种经验可以表示"近"和"远"的关系，那么如何平衡这两种经验呢？有时候，大量的教学材料可能会让学生迷失其中，而忽略了自身的生活体验。真正有效的教育不应该止步于传授知识，还应该激发学生通过感知和行动去探索生活中更为丰富的内容。知识传播不是简单地传递信息，而是共享思想、共同追求目标的过程。因此，那些不能让孩子与世界产生思想共鸣的交流就不能称之为知识传播。